U0069473

健康好孕

陳玫妃醫師 著

自序

寫這本書的動機是為了讓民眾更加了解中醫婦科治療的特色，中醫自有一套辨症理論，治療診斷方式，若能結合了西醫的理學檢查、手術治療，參照中醫的四診，可更精準的辨證論治、用方，中醫在治療婦科疾病自有一套科學化的治療方式。

此本《健康好孕 ： 女性生育 養生寶典》是針對欲懷孕的婦女，瞭解到如何服用中醫藥來調理容易受孕的體質，還有在懷孕的過程中，經常遇到的臨床症狀，如何來調理改善及預防、護理，以及針對產後常見的疾病調理，更加詳細地敘述西醫的病因病機，以及中醫的辨證要點，依據其症侯、病機，加以用方藥來治療，此外根據不同體質設計適合的調理藥膳，就是希望能夠提供婦女朋友更多保健常識，讓面對孕前、懷孕，以及產後的婦女，能順利安然地渡過這三階段調理。

希望此書能夠提供女性朋友，更加瞭解自己的生理狀況，當然，身體有問題還是要尋求專業醫師的診治。此書要感謝中國醫藥大學教授林昭庚醫學博士及台北市中醫師公會名譽理事長陳俊明醫師的推薦、鼓勵，更期盼中醫界同道、先進不吝指正。

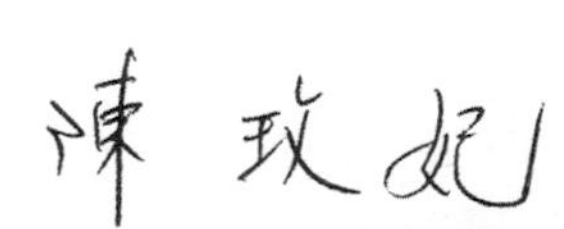

推薦序　1

關於中醫女性漢方醫學，已具有流傳千年的歷史，是由先賢截取許多臨床經驗，累積而成的傳統醫學，在西方醫學尚未傳入中國之前，中醫漢方對婦女的治療保健，已有著很重要的角色，即使在現代西醫婦科發達的今日，在臨床門診，還是會遇到女性面臨許多婦科方面的問題前來就診，因為中醫自有一套的治療理論，根據中醫辨證方法，如八綱辨證、六經辨證、三焦辨證、衛氣營血辨證、臟腑辨證、氣血辨證、衝任督帶辨證來加以治療，當然，現代婦女的福音是能夠結合中、西醫方式的治療，以西醫的長處藉由手術、儀器檢查，以彌補中醫的不足，而中醫具有調理體質的效果可改善西醫無法突破的瓶頸。以不孕症為例，以西醫之長，借助西醫的超音波檢查、抽血及手術，可更精確的明瞭婦女朋友的荷爾蒙狀況，以及改善一些器官性的病變所引起的不孕，再運用中醫的月經週期療法辨症論治，可幫助排卵著床，中西醫彼此相輔相成，便可進一步提高受孕機率，所以就一個中醫婦科臨床醫師，要能夠運用中醫的治療方式、辨症用藥，還要明瞭西醫的病機理論，彼此互取所長，便能有效治療不孕的問題。

此本《健康好孕：女性生育、健康養生寶典》為女性朋友提供了孕前調理，及懷孕時產後的調養，對臨床醫師，或是醫學

生、護理工作人員以及一般民衆，都是一本很好的婦科參考工具書。

本書的作者——陳玫妃醫師，是一位具有臨床經驗數十年的婦科專家，在中醫的領域裡，具有相當的醫療經驗，目前於中國醫藥大學研讀婦科碩士研究。

此次，針對婦女孕期三階段常見的問題及疾病，以中西醫辨證方式加以歸納分析，提供了女性朋友治療以及日常保健原則，實為必讀的婦科保健書，故樂於寫序，鄭重推薦給大家。

中國醫藥大學教授

林昭庚 醫學博士

推薦序 2

傳統中醫論求子，必知先天之氣，而男子以補腎為要，女子以調經為先，因此，要知道人體生長發育與生殖有密切的關係，男子若腎氣虛損及女子月經不調，則很難受孕。受孕的機理，有待於腎氣的旺盛、陰血的充沛，任脈通，而太衝脈盛，若衝任虛衰，則會造成女子不容易受孕的體質。在臨床上許多不易受孕的病人，多半會伴隨著月經的異常，常見的症狀有月經失調、提前、延後、不規則經間期出血，量過多過少，月經淋漓不止，色黯有血塊等，因為月經不調，而導致女子不容易受孕的體質。

因此，女子種子必先調經。在臨床上須詳加症狀，將主症、次症以及兼症，針對治療才能夠達到調經的效果，因此，提到「論求子，貴養經血」。此外，還提及「痰塞不孕」，主要是說婦人肥胖無子，身中有脂膜閉塞子宮。在臨床上可見婦人過度肥胖，造成不易受孕的體質，月經亦長期不至，即所謂的「驅脂滿溢，閉塞子宮」不能成胎，相當於現在醫學所謂的「多囊性卵巢症候群」，臨床上便可運用消脂導痰的方藥加減運用來幫助改善體內經血不調，因此了解到傳統中醫的許多論述、病因、病機，透過辨症論治望聞問切皆可運用於現代婦科調經幫助受孕，與西醫婦科皆有對應之處 ，確實有其臨床療效。

此書依據孕期三大階段，如懷孕前，學習如何量基礎體溫來幫助受孕，根據臨床上常見影響受孕的問題，如子宮內膜異位、多囊性卵巢症侯群，習慣性流產、免疫性不孕，女性生殖系統發炎，月經失調引起的受孕困難所導致的不孕，就中醫的觀點來分類治療；妊娠期間，婦女常見的妊娠惡阻、便秘、高血壓綜合症，妊娠水腫等，運用中醫治療的方法，加以預防、護理；產後常見的疾病及調理，包括了產後腹痛，惡露不絕、產後發熱、乳腺炎、缺乳，關節痛、盜汗等，如何改善治療，書中皆依據中醫病因病機加以詳細分析。

美麗又認真的陳玫妃醫師是一位在婦科臨床上具有豐富經驗的好醫師，此次出版《健康好孕：女性生育、養生寶典》是一本針對想懷孕及孕期產後很好的一本中醫婦科養生寶典，在此誠心鄭重推薦給各位女性朋友。

台北市中醫師公會名譽理事長

陳俊明 醫師

C O N T E N T S

不孕症篇 53

懷孕篇 151

產後調理篇 179

附錄一 216

附錄二 268

緒言

夫妻在共同生活兩年以上，從未避孕而未受孕者，即為所謂的原發性不孕。

若有曾經懷孕，而未避孕，經兩年不受孕者，即稱為繼發性的不孕。

所以原發性的不孕可能是先天的缺陷或者是後天體質所引起，繼發性不孕大多是有後天的病理因素所造成。

就中醫傳統醫學而言，若要調理成為好孕的體質，首先要了解到中醫的病理機轉，中醫認為受孕的機理有賴於腎氣的旺盛，陰血的充沛，任脈通，而太衝脈盛，所以呢？月經能夠正常的來，才能夠受孕成胎，因此腎這個臟腑為先天之本，與人體的生長發育生殖有密切的關係，若是腎氣虛損的話，則很難受孕，此外，血為婦人之本，所以要能受孕成胎還是要重在氣血的調補，因此，中醫有所謂的肝藏血、脾統血，若是身體的臟腑功能失調，肝、脾、腎失職的話，當然也會影響到衝任盛衰，造成不易受孕的體質。

在中醫醫籍當中，有論述到許多有關於女子受孕的病因病機，在石室祕錄的子嗣論云「女子不能生子，有十病，此十病為胞宮冷、脾胃寒、帶脈急、肝氣鬱、痰氣盛、相火旺、腎水衰、督脈病、膀胱氣化不利、氣血虛。」

在素問的上古天真論云「女子七歲，腎氣盛，二七而天癸至，任脈通，太衝脈盛，月事以時下，故有子。」

調理好孕體質

就現代的醫理認為，受孕必須具備有三個重要的條件：

首先，要有健全的卵子與精子。

其次，卵子、精子必須要有機會相遇，經過的路途必須要通暢，即所謂的輸卵管必須是通暢無阻的。

第三，子宮內膜必須要有適應受精卵著床的條件。

所以，若要調理成為容易受孕的體質，要能結合西醫的學說與中醫的辨證論治，辨證與辨病相結合，一定可以達到事半功倍的療效。

瞭解治療調理的方法

調經

許多不易受孕的病人，多伴隨著有月經的異常，所謂種子必先調經，在傳統醫學，對於卵巢功能失調，引起的月經異常，具有相當好的療效，可以彌補西醫荷爾蒙療法的不足，彼此相輔相成，截長取短，必定可以提高受孕率。

疏通

精子和卵必須要經過輸卵管才能結合著床，若不通暢便會影響受孕。此證大多是濕熱蘊結、氣滯血瘀內阻所致。可用清熱利濕、活血理氣通絡的藥治療。

臨床上常見的症狀有：下腹一側或兩側抽痛、按壓有硬塊、月經來時症加重、月經淋漓、腰酸、體熱、便祕、白帶黃、舌紅、脈弦、子宮輸卵管攝影不通暢。

化瘀

對於子宮或卵巢有器官方面的病變，所引起的不孕，在臨床上，我們並不贊成馬上手術，大多先用中藥調理，若中藥治療方面有瓶頸的話，再進一步用腹腔鏡手術，切除腫塊或者是囊腫。常見的有多囊性卵巢、子宮肌瘤、子宮內膜異位症。

在臨床上常見的症狀有，月經失調，或者是經期前後下腹脹痛，舌質偏紫，脈弦細，若有寒凝血瘀者，則兼有下腹的冷痛，畏冷肢寒，經前容易胸部脹痛，煩燥。在臨床體徵上，子宮會較增大、變硬，或子宮與週圍的組織有沾黏，活動欠佳，若要調理這類不易受孕體質的人，可於第一階段，月經乾淨後，用行氣活血，補血，軟堅散結的藥為主。

第二階段以治標為主，也就是治療症狀，以及病變的問題為主。

由於導致不孕症的環節、病因有很多，而且臨証方面也較複雜，在辨證上大多可分為腎虛、肝鬱、血虛、血瘀、痰濕、濕

熱等不同的症型，在傳統醫學大部份是以補腎氣、益精血、養衝任，調月經為助孕的主要原則，但在臨床上，致病的因素還是很多，症型也相當的複雜，所以還是要審慎求因，辨證論治才行。

不孕症的病因、病機，不外乎還是分為虛、實兩者，虛者大部份以腎虛、血虛，跟脾虛為主；實者以肝鬱、濕熱、痰濕、血瘀為主，但在臨床上，我們還是要根據病患的體質狀況，參考她的初經年齡，以及月經的期、量、色、質來辨別虛實。

針灸

除了上述方式，還有另一種方法來改善不易受孕的體質，那就是針灸。

針灸穴位如下：

◎三陰交：從內踝尖直上三寸，即所謂4橫指。靠腿骨（脛骨）後緣的地方。

◎關元：在肚臍正下，直下三寸，即4橫指的地方。

◎氣海：在肚臍正中直下1.5寸的地方。

◎命門；在第十四椎及腰椎第二椎下，凹窩中，一般與肚臍正中相對。

◎血海：正坐曲膝垂足，用手掌按在病人膝蓋上，掌心正對膝蓋頂端，當大姆指尖到達的地方。按壓有酸、麻、脹感，就是本穴。

◎八髎穴：即所謂的上髎、次髎、中髎、下髎，這四個穴位在骶骨上的四個骶後孔內。

◎足三里：正坐曲膝垂足，從膝蓋正中，往下摸到一突起的高骨，即所謂的脛骨粗隆，此穴在脛骨粗隆外下緣一寸。

這些穴位有促進誘發排卵的功效，亦可針對氣血虛弱、體質虛寒的人，幫助受孕。

穴位的敷貼

取關元穴或命門穴用中藥外敷法：生薑10g、艾葉30g、丹蔘30g、小茴香20g、路路通30g，桂枝30g，丁香10g，王不留行10g將以上藥物搗碎，裝入紗布袋中，放入蒸籠，蒸約30分鐘，取出，用毛巾包住，放於關元穴以及命門穴上，熱敷約30分鐘，感覺下半身，或者腰部或下腹部微微出汗，是最好的。

通常月經來第一天放置，可早、晚各一次，連放兩個禮拜，通常三個月為一個療程。

療效：此方法具有溫通下焦，促進下腹盆腔的循環，改善輸卵管不通暢，調整子宮達到最佳受孕的狀態。

耳針

可選取內分泌、腎、子宮、皮質下、卵巢等耳穴。

在臨床上亦可以提高受孕率。每週兩次，雙耳交替使用。

中醫辨症體質方面，可分為以下幾型

肝鬱血虛

臨床上常見的症狀有，月經不規則，有血塊，或者是色淡量少，面色微黃，經前容易乳脹煩燥不安，經期有腹脹的現象，舌淡苔薄白，脈弦細等現象。

由於血是月經的基礎物質，因為七情六慾的紛擾，如壓力過大、熬夜等，導致肝失調達、氣滯血虛，肝氣鬱結，當然造成月經不調，難以受孕。

肝腎陰虧

臨床上常見的症狀有，月經提前、量少，或者是月經延後、不來，容易腰酸腿軟、手足煩熱、頭暈失眠、口乾舌燥、舌紅，腎脈弱。

基礎體溫單向或雙向，但是高溫黃體期較短。

由於肝腎不足，而導致氣血虧損，因為氣為血帥，血賴氣行，氣血運行不暢，當然會影響到衝任，而導致月經的失調。

腎陰虛由於精血不足，而導致腎精虧損，衝任失調，因此子宮乾澀，內膜不夠豐厚，不能攝精成孕。

脾腎陽虛

臨床上常見的症狀有，月經混亂，通常為延後、量少、色淡，嚴重者會長期的閉經，神情容易疲倦、食慾不好、腰膝酸軟、性慾不佳、頻尿、怕冷、脈沉弱、苔薄白舌淡。

這類體質的人，通常雌激素偏低，基礎體溫沒有雙向，或者是為不典型的雙向。

腎陽虛是由於先天的稟賦不足，而導致腎氣不充，因此月經不能夠按時而來，由於命門火衰，而導致子宮內膜及卵巢的條件不佳，即所謂的宮寒，不能夠攝精成孕。

痰阻胞絡

臨床上常見的症狀有，月經長期不來，或好幾個月來一次，因此有月經失調的現象，經色比較淡、水，白帶較多，身體體型較為肥胖、多毛、四肢浮腫、神情容易疲倦，基礎體溫顯示單向，或者是不典型雙向。

痰濕的形成是由於脾、腎兩臟的虛損，聚濕成痰，是屬於一種陰血，容易導致氣機的阻滯，損傷陽氣，因此月經不調，而造成不易受孕。

若痰濕內生，影響到下焦衝任，導致子宮的條件不佳，也是造成不孕的原因，即所謂的痰濕阻塞經絡。

濕熱血瘀

臨床上常見的症狀有，白帶黏稠或色黃陰癢，月經來，下腹脹痛，經行血塊，或經行不暢。

濕熱是由於脾虛肝濕，進一步化熱所造成的，或是由於肝脾的不和，而導致肝鬱所形成，由於濕熱的血，流注於下焦，侵犯

了胞宮經絡，進而影響到衝任帶脈，當然終難成孕。

血瘀的體質多由於情志內傷，氣機不暢，因此導致氣滯血瘀的體質，進一步形成溼熱積聚，阻礙了經血的失調，終難受孕成胎。

此外，若是由於氣血過於虛弱無力，久病也會阻塞子宮經脈，必造成難以受孕。

從各種體質症狀來說明

腎虛

◎腎陽虛：

主要症狀：久婚不孕、月經延後、量少、色淡，或者是月經長期不來，下腹冷痛下墜感、臉色較暗沉、容易腰酸、手腳冰冷、頻尿、舌淡、脈沉遲。

治療法則：溫腎、暖宮，調整衝任為主。

病因病機：由於先天的稟賦不足、腎氣不充，所以月經不規則，有閉經的現象，或是房事沒有節制，久了便會傷及腎氣，造成腎陽虛弱，命門火衰，形成子宮虛寒，不能夠攝精成孕。

治療方藥：右歸丸

組　　成：熟地黃八兩、山茱萸三兩、山藥四兩、杜仲四兩、枸杞子四兩、菟絲子四兩、肉桂二兩、附子二兩、鹿角膠四兩、當歸三兩。

方　　解：熟地、山茱萸、棗肉、山藥，滋補腎陰；附子、肉桂、鹿角膠，溫補腎陽；菟絲子、杜仲，強腎益腰；當歸，養血補虛；枸杞子，補益肝腎；故此方藥具有溫腎益陽、補血益經的功效。

服　　法：蜜丸，每日三次，每次十顆。亦可作湯劑，但用量按原方比例酌減，早晚各服一次。

◎腎陰虛：

主要症狀：婚後不孕，月經提前或延後、經色較紅、量少，平常容易頭暈、眼睛視物模糊，手心、腳心煩熱、口乾、舌紅、脈細數。

治療法則：滋補腎陰、益精為主。

病因病機：本身體質，過於燥熱，或者喜歡吃烤、炸、辛辣的食物，久了便會傷到的身體的經血，而造成腎陰不足、腎精虧損，因此，不能夠滋養衝脈，導致子宮內膜狀態不佳，而不能攝精成孕，久了之後，因為陰虛火旺，而造成子宮內膜發炎，而影響受孕。

治療方藥：左歸丸

組　　成：熟地黃一兩、山茱萸三錢、枸杞子五錢、鹿角膠三錢、菟絲子五錢、山藥五錢、龜板膠三錢、牛膝四錢。

服　　法：蜜丸，每日三次，每次十顆。亦可作湯劑，但用量按原方比例酌減，早晚各服一次。

方　　解：熟地，滋陰補血；棗肉，滋補腎陰攝精；山藥，滋腎補脾；枸杞子，滋補肝腎而明目；龜板、鹿角膠，為血肉有情之品，可大補精髓，龜板較偏於補腎陰，鹿角膠較偏於補腎陽；菟絲子、牛膝，強筋骨、顧腰膝、補肝腎。

氣血虛弱

主要症狀：婚後不孕，月經延後、色淡，或者是月經長期不來、頭暈、心悸、氣色不佳、臉色萎黃、舌淡、脈沉弱。

治療法則：補養氣血為主。

病因病機：氣血是月經的基礎物質，若是本身體質虛弱，必會造成經血稀少、色淡，而使得胞脈失去濡養，因為沒有攝精成孕的基礎物質，也就是子宮內膜不夠豐厚，因此，導致不易著床，而影響受孕。

治療方藥：八珍湯

組　　成：當歸三錢、川芎二錢、熟地三錢、白芍三錢、黨參三錢、白朮三錢、甘草一錢、茯苓三錢。

服　　法：早晚水煎服。

方　　解：黨參、熟地，益氣補血；白朮、茯苓，健脾補氣、化脾濕，可幫助黨參補益脾氣的功效；當歸、白芍，養血柔肝、可幫助熟地補益陰血的作用，加上川芎，活血行氣，甘草，和中益氣，有調和諸藥的作用，使諸藥合用可共同達到補益氣血的功效。

肝氣鬱結

主要症狀：婚後多年不孕，經期不規則、經前容易乳脹、情緒煩燥、易怒，有明顯的經前症候群，舌淡暗，脈弦。

治療法則：以疏肝、解鬱、養血為主。

病因病機：肝主藏血及疏泄，若是因為七情六鬱的紛擾，而導致肝氣鬱結、失去條達，而疏泄失調，則導致氣滯血瘀，因為氣為血之帥，氣行則血行，所以，氣血虛弱，會導致肝鬱化火，當然不能滋養衝任，因此月事不調，難以受孕。

治療方藥：開鬱種玉湯

組　　成：當歸二錢、白芍三錢、香附二錢、牡丹皮二錢、白朮二錢、茯苓二錢、天花粉二錢。

服　　法：早晚水煎服。

方　　解：當歸、白芍補養肝血，香附理氣解鬱，牡丹皮活血涼血，白朮、茯苓補氣健脾，天花粉滋陰解渴。

血瘀

病因病機：因為情志不暢，所以氣血循環不好，或者是經期、產後，因為外感風邪，而導致氣血停滯、凝結成瘀，所以，有可能因為是寒邪瘀阻，或者是熱邪瘀阻，最終導致氣滯血瘀，阻礙經血，而引起經血失調，難以受胎成孕，或由於氣血虛弱，運行無力，而導致所謂氣虛血瘀，終難受孕。

主要症狀：久婚不孕，痛經的現象，經行有血塊。這類體質，容易有子宮肌瘤、肌腺瘤的病症，舌黯，舌尖有瘀點、脈弦。

治療法則：理氣活血、化瘀為主。

治療方藥：血府逐瘀湯

方劑組成：當歸三錢、生地黃三錢、桃仁四錢、紅花三錢、枳殼二錢、赤芍二錢、柴胡二錢、甘草一錢、桔梗一錢五分、川芎一錢五分、牛膝三錢。

服　　法：日服一劑，水煎取汁，分二次服。

方　　解：當歸、川芎、桃仁、紅花、赤芍，都為活血、補血、去瘀之藥；牛膝，可以通血脈、引血下行、顧筋骨；柴胡，疏肝解鬱、可升陽輕氣；桔梗，止咳、可開胸利膈，幫助氣血通行；生地，涼血清熱，加上當歸，增強養血潤燥、活血去瘀，而不傷陰血的作用，甘草有調和諸藥的效果。

濕熱鬱結

主要症狀：久婚不孕，帶下有臭味、陰癢的現象，舌苔黃膩、脈弦數。

治療法則：化濕、清熱解毒為主。

病因病機：是由於脾虛生濕，進一步化熱所造成。因為肝脾不和，或喜歡吃一些烤、炸、辣、油膩、上火的東西，以及冰冷的食物、飲料，久而久之，在身體聚集成濕熱，侵犯到下焦，影響到胞脈、胞絡、子宮、陰道，因為任脈失約，衝脈受阻，所以導致不易受孕的體質。

治療方藥：龍膽瀉肝湯

方藥組成：龍膽草三錢、黃芩三錢、山梔子三錢、澤瀉三錢、木通三錢、車前子四錢、當歸二錢、生地黃四錢、柴胡三錢、甘草一錢。

服　　法：日服一劑，水煎取汁，分二次服。

方　　解：龍膽草，大苦大寒，可以瀉肝膽的實火、清下焦的濕熱；黃芩、梔子，苦寒瀉火，可幫助龍膽草，清肝膽經濕熱，並用澤瀉、木通、車前子，利水清熱，可幫助肝膽的濕熱，從小便排出；生地、當歸，滋養肝血，可防止因為使用太多苦寒的藥，而耗傷精氣及陰血；柴胡，可通暢肝膽之氣，並做為引經藥，再加上甘草，調和諸藥。

痰濕

主要症狀：久婚不孕，肥胖、多毛、喉嚨多痰、月經長期不規則、帶下量多、色白、黏稠、臉色恍白、胸悶、容易疲倦、舌苔白膩、脈滑數。

治療法則：健脾、燥濕、化痰為主。

病因病機：痰濕的病因是由於脾腎虛衰，運化失調，而不能夠分布四肢，當然形成痰飲，這是一種陰邪，最容易阻塞身體的氣血循環，當然身體的氣機不通暢，自然造成衝任不順，月事失調，若是濕氣阻塞了脾胃、下焦，會使得子宮的環境不佳而造成不孕。

治療方藥：蒼附導痰丸

組　　成：茯苓三兩、姜半夏二兩、陳皮二兩、甘草一兩、蒼朮二兩、膽南星二兩、香附二兩、枳殼三兩、生薑一兩、神麴三兩。

服　　法：蜜丸，每日三次，每次十顆。亦可作湯劑，但用量按原方比例酌減，早晚各服一次。

方　　解：茯苓、蒼朮健脾利濕，姜半夏、陳皮、膽南星化痰濕，香附、枳殼理氣解胸鬱，神麴化食積。

想懷孕，請讓身體作準備

調整受孕體質的經驗與體會

調經

想要擁有一個容易受孕的體質，首先，要注重調經，在（丹溪心法）中，就提到〈經血不調，不能成胎〉。

還有（婦人祕科）中也指出〈女人無子，多以經後不調〉，所以不易受孕的體質，在臨床上常見的症狀，有經期失調、提前、或延後、或不規則、經間期的出血，經量過多、過少、月經來淋漓不止、經色淡暗，有血塊、色黑，這些等等都是因為月經不調，而導致不容易受孕的體質。

因此，在臨床上要詳加診斷，將主症、次症，以及兼症，針對性治療，才能夠達到療效。

治帶

還有，助孕必先治帶，這是很令人困擾的問題，通常在經間期，白帶會增多，如蛋清狀，清亮透明為正常的生理性的白帶，它具有抗菌以及滋潤、潤滑陰道的作用，這並不是一種病。若因感染所引起的白帶，質黏稠、或色黃、陰癢、陰痛，在中醫認

為，已是屬於濕熱之邪，侵犯胞宮、胞絡，所謂的外濕，主要是經由泌尿生殖道而進入，侵犯了子宮以及腹盆腔。所謂的內濕，是由於臟腑功能的失調，尤其是腎、肝、脾，而導致水濕內停，凝具成痰，體液代謝不正常，所產生的一種病理產物，引起陰道炎、子宮頸炎、子宮炎、輸卵管炎、盆腔炎，導致不易受孕或子宮外孕，因此白帶也是造成不易受孕體質的原因。

精壯

男性精蟲的活動力，以及數量要足夠，臨床上，常見到女方的生理機能方面都正常，卻遲遲不能懷孕，事實上是發生在男性的問題，所引起的不孕，因此男性要養成良好的生活習慣，不要熬夜、抽煙、喝酒，凡事要適度、注意清潔、衛生、多多運動、鍛練體質，保持心情的愉快。再者，可以搭配中藥，來調整體質，亦有促進精蟲活動力及數量的作用。

學會基礎體溫的測量是相當重要的

基礎體溫的測定法

所謂的基礎體溫就是經過正常的休息、睡眠，熟睡以後，早晨醒過來，沒有運動、講話，或進食，所測量出來的體溫，就是所謂的基礎體溫。

通常測量基礎體溫，需要以一支體溫計，和一張基礎體溫記錄表。基礎體溫的體溫計，刻度較為精細，華氏每一度化分成十等份，可以讀到0.1°F；攝氏每一度化分為二十份，可以記錄到0.05℃，而基礎體溫記錄表。在這表上可看到在36.7℃或是98°F的地方，用粗線畫出來，做為低溫跟高溫的分界，在記錄表上，還有一格可以寫上月經的週期，以方便計算排卵日，以及月經週期的長短，並在月經週期第一天，到月經停止那一天，做上月經的記錄，例如，可以打上※，其他由於發燒、感冒、睡眠不好，或是有性交等，都可以在此表上記錄下來。

基礎體溫的測定部位

一般是把體溫計放在舌頭下面，閉上嘴唇，測量五分鐘之後，才拿出來，將度數記錄在表上，而且把每天的記錄連接起來，呈現一個週期的曲線，也就是所謂的基礎體溫曲線表。通常測量的時刻，以每天固定的時間最為理想。

其他對於基礎體溫有影響的事項，如熬夜、精神過度興奮、喝酒、晚睡等，儘量避免。而且在測量的時候，若沒有閉上嘴巴，溫度也可能會降低，這是要注意的，但是最重要的，測量基礎體溫要有耐心，而且持之以恆，才能達到目的。

基礎體溫的記錄

當你把每天測量的基礎體溫，（Basal Body Temperature），以下簡稱為（BBT），正確的點在表格上，然後將每天的記錄連線，就可以看出它成為一條高低不平的曲線。

通常標準的基礎體溫曲線表，在BBT記錄表後，可以看到後面的圖表，這是一個典型的標準圖而已，不要因為自己的體溫表跟它不一樣，而感到失望，因為每個人的基礎體溫曲線不同，甚至同一個人，每個月的體溫線也都不盡相同。通常前半期，包括月經期間，以及經期後，七到十天的體溫較低，稱為低溫期；在週期的第十四或十五天，體溫會突然地昇高，稱為上升期，往往超過36°C；以後持續約十二到十四天，稱為高溫期；之後體溫下降，月經來潮，即所謂的下降期；通常體溫由低溫期上升到高溫期的那段上升期，即所謂表示有排卵，所以通常在排卵前三天、後三天，有性交即有機會受孕，通常有高低溫

分別清楚的基礎體溫表，我們稱為雙向式的BBT，通常低溫期和高溫期的平均溫度，差別不能小於華氏表格0.6度，攝氏格式的0.4度。

為什麼測量基礎體溫就可以知道有無排卵呢

BBT的高溫期是因為排卵後所形成的黃體，分泌黃體素的作用，若是沒有排卵，就沒有足夠的黃體素，引起BBT的上升，因此就不會有高低溫階段式BBT的出現。

若黃體機能不足的時候，也會因為黃體素分泌不夠，而形成BBT高溫期的天數縮短，至於低溫期最後一天，上行到上升期之前的體溫，會下降，是由於排卵的前一天，動情激素分泌量突然大增，刺激大腦體溫中樞所引起的。

根據臨床觀察，可將BBT曲線分為三大類

◎第一正常的雙向式：或有階段性、高低溫的BBT，有正常的排卵，以及高溫期的曲線。

◎第二單向式BBT：因沒有排卵，而沒有辦法產生足夠的黃體素，因此沒有高低溫的分別，而不能夠引起BBT上升。

◎第三另外一種不規則式BBT：這種BBT曲線，每天的體溫相差很大，搖擺不定，而沒有規律性，這一類的體溫，通常是由於人為因素造成，情緒，或生病，或者是測量的方式不正確所引起的，因此懂得如何正確的測量基礎體溫，對於幫助受孕有很大的助益，因為從基礎體溫表可以了解自己每個週期，排卵的日子，以及高溫期到底夠不夠，也可進一步了解自己身體，內分泌機能的狀況，因此打算受孕的女士，一定要懂得如何測量自己的基礎體溫表。

附圖（37頁-39頁）圖解不孕症治療

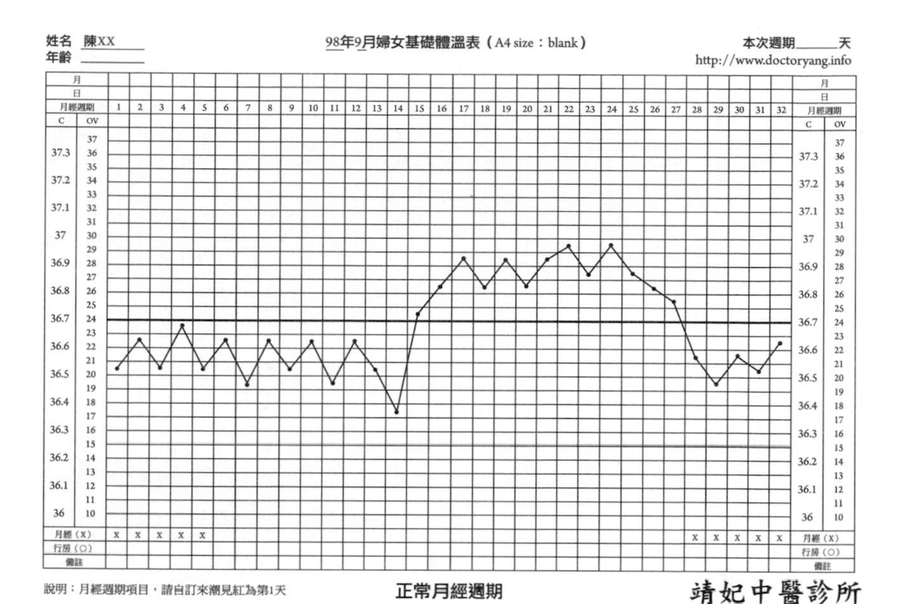

正常月經週期

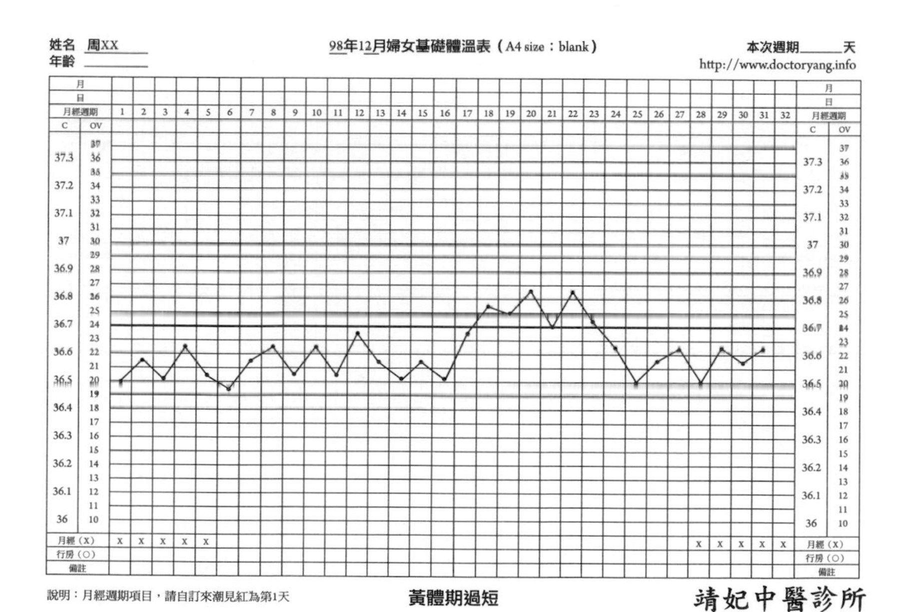

黃體期過短

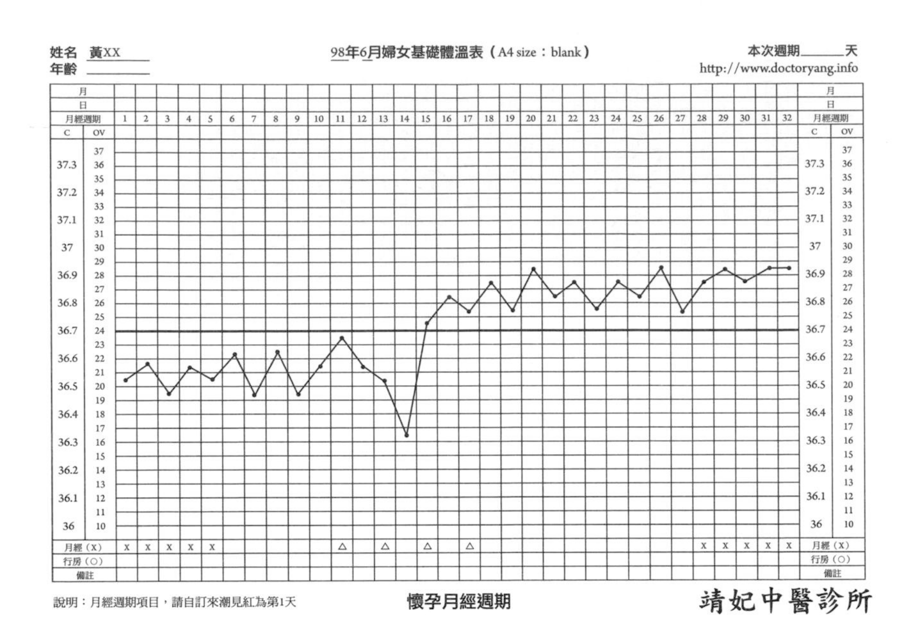
姓名 黃XX
年齡
98年6月婦女基礎體溫表（A4 size：blank）
本次週期____天
http://www.doctoryang.info
月
日
月經週期
C
OV
月經（X）
行房（○）
備註
說明：月經週期項目，請自訂來潮見紅為第1天
懷孕月經週期
靖妃中醫診所

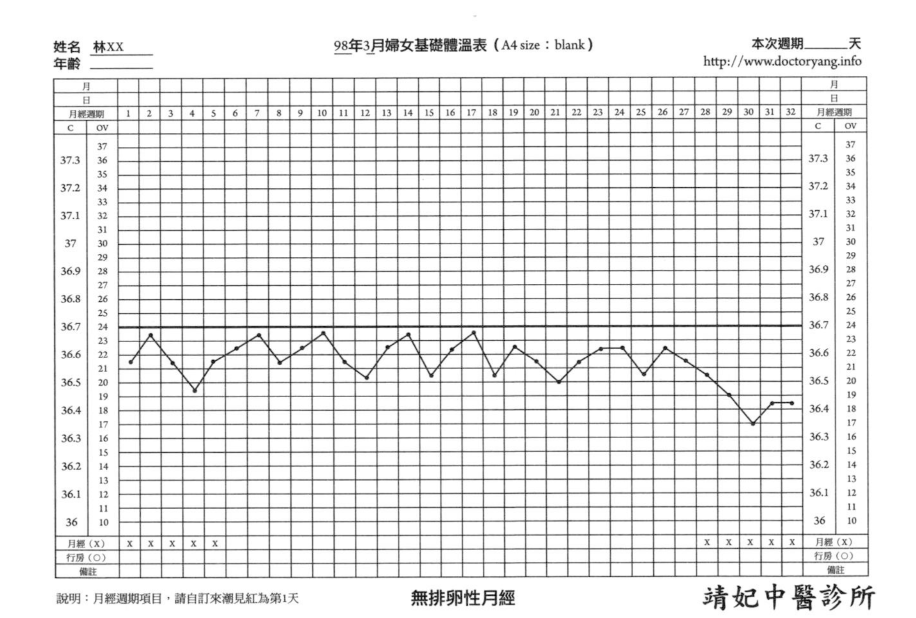
姓名 林XX
年齡
98年3月婦女基礎體溫表（A4 size：blank）
本次週期____天
http://www.doctoryang.info
月
日
月經週期
C
OV
月經（X）
行房（○）
備註
說明：月經週期項目，請自訂來潮見紅為第1天
無排卵性月經
靖妃中醫診所

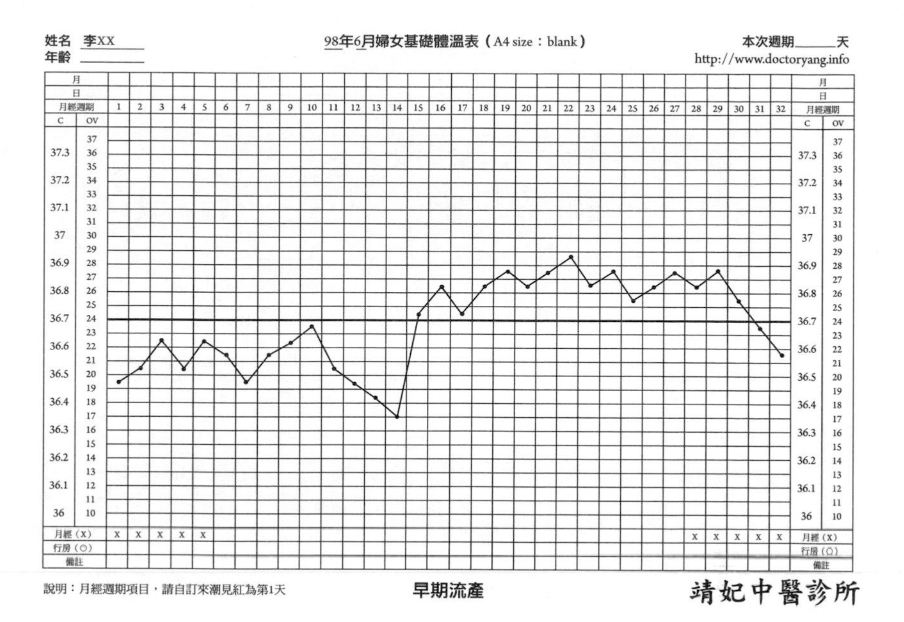

姓名 李XX
年齡
98年6月婦女基礎體溫表（A4 size：blank）
本次週期＿＿天
http://www.doctoryang.info
月
日
月經週期
C
OV
月經（X）
行房（○）
備註
說明：月經週期項目，請自訂來潮見紅為第1天
早期流產
靖妃中醫診所

心情好、沒有壓力是受孕的要件

對一個身體心理健康的人才容易受孕。

若是經常精神上壓力過大、睡眠不好、焦慮、緊張等會在在影響內分泌系統，造成排卵的障礙，因此不易受孕。

在《婦人女科》就提到，〈種子者，女貴平心定氣〉，也就是說必須保持心情上，心境的愉快，再搭配治療，調理體質，才易達到受孕的體質。

飲食上必須要注意，少吃一些冰冷、生冷、刺激性的食物，如烤、炸、辣的飲食都盡量減少。

避免盲目的減肥，注重飲食的均衡營養，可搭配適合的藥膳調理，多運動、鍛練體質，亦可幫助受孕。

生活調理

第一，不要過度勞累、起居要正常、性生活要適度，一般三到五天一次，最為適宜，避免耗傷陰液。

第二，學會量基礎體溫，掌握排卵規律，也是有利於受孕。

第三，戒煙戒酒、避免吸毒，以免破壞內分泌機能，影響排卵。

第四，注意經期衛生，保持外陰的清潔，經行期間，避免游泳、坐浴，以防生殖道炎症的感染。

第二，在飲食方面，多食容易受孕的食物，如紅色、黑色的食物。

紅色食物：紫山藥、紅豆、紅甜椒、紅鳳菜、枸杞、紅紫蘇、櫻桃、蘋果、草莓、蕃茄、紅砂糖、蔓越莓、甜菜根、蕃石榴。

黑色食物：蕎麥麵、黑木耳、桑椹、黑髮菜、香菇、海菜、海苔、黑豆、龍眼乾、葡萄乾、黑芝麻、葡萄、藍莓。

西醫的產檢項目及注意事項

孕婦產檢須知

懷孕婦女在懷孕過程，總共可以做十次的產前檢查。

第一次、第二次，在妊娠第一期，也就是妊娠未滿十七週的時候，建議週數在第六週及第十六週。

第三、四次，在妊娠第二期，也就是妊娠第十七週至未滿二十九週，建議週數在第二十週及第二十八週。

第五、第六、第七、第八、第九次、第十次，在妊娠的第三期，也就是妊娠二十九週以上，建議週數在第三十二週、第三十四週、第三十六週、第三十八週、第三十九週、第四十週。

首先，介紹妊娠第一期，建議週數，第六週。

檢查的重點在了解確定懷孕，以及孕婦的體質。

檢查項目：在詳問病史以及過去懷孕的產史，還有本胎是否有不適症狀。

一般檢查：主要是了解胎兒的發育情況，以及初步了解孕婦各器官的功能，包括測量體重、骨盆腔的檢查、身高、血壓、胸部，以及腹部、甲狀腺的檢查。

驗血：包括測量紅血球、血紅素、白血球數目、血小板、

血球容積比、平均紅血球體積，主要是檢查媽媽是否有地中海貧血、以及正確的血型、是否有RH因子，第一次梅毒血清反應檢查。

尿液的常規檢查：檢查尿中的糖份、蛋白質。

照第一次超音波診斷：主要是確定胚胎著床的位置，以及發育的狀況，確定是否有子宮外孕的可能，若要用超音波測量胎兒頸後透明帶，或者用杜卜勒超音波聽胎兒心跳聲，可於九到十二週的時候，再做一次產檢。

妊娠第一期，建議週數，第十六週

檢查重點：看看是否下肢有水腫的現象。

檢查項目：抽血做唐氏症篩檢，若屬於高危險群，可進一步做羊膜穿刺檢查。

測量體重、血壓、胎心音、驗尿檢查是否有尿蛋白、糖尿，宮底高度，以及胎位，若產檢有出現少量的糖尿，不必擔心，那是正常的。

妊娠第二期，建議週數，第二十週

檢查重點：若是抽血做唐氏症篩檢，屬於高危險群，須進一步做羊膜穿刺檢查。

檢查項目：包括測量體重、血壓、驗尿、胎心音、胎位、宮底高度，是否有蛋白尿、尿糖，是否下肢有水腫的現象、出血、腹痛、頭痛等症狀。此次產檢可免費健保給付做超音波檢查。

妊娠第三期，建議週數，第二十八週

檢查重點：在於檢查是否有妊娠糖尿病。

檢查項目：包括體重、血壓，腹部檢查，胎位、胎心音，宮底高度。是否有下肢水腫、靜脈曲張，出血、腹痛、頭痛、痙攣等症狀。

妊娠第三期，第五次產檢記錄，建議週數，第三十二週

檢查重點：在於測量胎兒的成長曲線。

醫師問診：包括是否有水腫、靜脈曲張、出血、腹痛、頭痛、痙攣等。

檢查項目：包括測量體重、血壓、宮底高度、胎心音、胎位、驗尿，是否有尿蛋白、糖尿。

健保免費給付可做一次超音波檢查。

HBs AG（B型肝炎表面抗原檢查）、HBe AG（B型肝炎e抗原檢查）、VDRL（梅毒血清試驗）及Rebella（德國麻疹）IgG（免疫球蛋白G）、梅毒等實驗室檢查。

此時若有少量出血，須注意是否有早產，前置胎盤、胎盤早期剝離等異常現象，這時須找醫師檢查，並接受適當的處理。

妊娠第三期，第六次產檢記錄，建議週數，第三十四週

醫師問診：包括是否有水腫、靜脈曲張、出血、腹痛、頭痛、痙攣等。

檢查項目：包括測量體重、血壓、宮底高度、胎心音、胎位、驗尿，是否有尿蛋白、糖尿。

妊娠第三期，第七次產檢記錄，建議週數，第三十六週

檢查重點：在第二次梅毒血清反應檢查。

其他，包括醫師問診，如水腫、靜脈曲張、出血、腹痛、頭痛、痙攣等。

檢查項目：包括體重、血壓、胎心音、胎位、宮底高度，還有驗尿是否有尿蛋白、糖尿。

可做乙型鏈球菌篩檢。

這時候要注意是否有少量出血，檢查子宮收縮的情形。若有早產，前置胎盤、胎盤早期剝離等現象，須找醫師檢查，並接受適當的處置。

越接近懷孕末期，越容易發生子癇前症，所以呢，這個時候，過鹹的食物，應該避免少食用；還有，要儘量控制體重，不讓體重過份的增加。

在妊娠第三期，第八次、第九次、第十次產檢記錄，

第三十八週、第三十九週，以及四十週

檢查重點：在於是否有產兆的現象。

檢查項目：包括醫師問診，是否有任何不適症狀，如水腫、靜脈曲張、出血、腹痛、頭痛、痙攣等，身體檢查，包括體重、血壓、宮底高度、胎心音，胎位，以及骨盆腔的檢查，若有需要的時候，須做胎兒心跳胎動監視。

如何計算預產期

我們一般都說懷胎十月，事實上，一個正常的懷孕週期，大約是266天，所以在計算懷孕的週數時，以最容易記住的日期，如最後一次月經的來潮日，來計算懷孕的週數，也就是從最後一次月經的開始日，加上280天，即所謂的預產期，臨床上，有一個速算預產期的公式，就是以最後一次月經的月份減三，日子則加七，即為預產期。

所謂最後一次月經，當然是指來的最後一次月經，如最後一次月經是十月十號的預產期，按照公式速算，就是七月十七號。

注意胎動測量

一般來說，初產婦在第二十週，經產婦在第十六週，就可以感到胎動。

因此建議在二十八週開始，要注意胎動的次數，進入二十八週後，有胎動的問題，此時要迅速求醫。

懷孕期要如何預防早產的發生

若有以下的症狀，應儘速就醫，以降低早產風險。

第一，建議一個小時內有六次或以上，或十到十五分鐘，有一次子宮收縮，但收縮不一定會疼痛，肚子會覺得變硬，或有下墜感。

第二，會有腰酸及下背痛的現象。

第三，腹部有下墜感，及陰道有壓迫感的現象。

第四，有類似月經來的悶痛，或者是脹痛感。

第五，陰道有水樣黏液，或者是血液樣分泌物增加。

第七，腹部突然有劇烈的收縮活動。

胎兒檢測

母血檢查

抽血：第一次產檢時，抽血是為了檢查血型，以及血液的常規檢查；在懷孕中期抽血，主要是唐氏症的檢查、糖尿病的檢驗，及尿糖、B肝、梅毒、德國麻疹等檢查。

唐氏症母血篩檢

醫生會幫你抽幾cc的母血，主要是用來測量其中的〈胎兒甲蛋白〉，以及〈人類絨毛性激素〉的濃度，一般以1/270為基準，若數值高於1/270，則建議進一步實施羊膜穿刺檢查，若低於1/270，也並不代表一定沒有唐氏症的可能，只是機率較低而已。

50gram，葡萄糖耐糖試驗

在懷孕24週左右，會抽血作血糖的檢查，一般在門診中，會請你不空腹的情況下，服用50公克葡萄糖水，於一個小時後抽取幾cc靜脈血，測量血糖濃度，若數值大於140mg/dl，則進行正規的耐糖試驗。

這項測驗主要是檢查是否有妊娠糖尿病，因為妊娠糖尿病，容易合併有早產、子癇前症、羊水過多、胎兒過大等問題。

葡萄糖耐糖試驗，OGTT

於前一晚，十二點以後，空腹，隔日早上，約8點左右，空腹抽血，再服用100g的葡萄糖，兩杯水喝下，每過一個小時，再抽血，共三次，而且喝完糖水後，不可以進食或喝水，看抽血的檢驗報告。

超音波

最好在懷孕過程，基本上做到三次超音波的檢查。

檢查的時間：

第一次在六到八週左右，主要的目地在檢查胎兒的數目、胎兒的心跳，以及妊娠週數的評估，是否有子宮外孕的妊娠。

第二次約在二十至二十二週，可以做比較詳細的胎兒篩檢，包括胎兒的位置、胎兒的大小、羊水量、胎兒的構造，包括中樞神經、心、肺、腎、胃、膀胱、脊髓、四肢、顏面等，以及臍動脈的血流。

第三次，在第三十四週左右，可做胎兒成長的狀況評估。

絨毛膜採樣

在懷孕第十至十二週的時候，可透過絨毛膜的採樣，知道胎兒的狀況，如果你是唐氏症的高危險群，更要做這樣的檢查，可以獲得胎兒的基因，以及染色體的資料，雖然這項檢驗也可能會導致流產，因此，在做絨毛膜檢查之後，或者是持續三天陰道出血以上，一定要告知醫師，若有發燒的情形，更要留意是否有感染的現象。

羊膜穿刺術

實施的時機最好是在十五至二十週，以十六至十八週最好。

所謂的羊膜穿刺，即是將羊水由子宮內，抽出的技術。

因為胎兒的羊水，有胎兒的皮膚，以及其他器官脫落的細胞，由這些細胞可以了解，子宮內，胎兒的狀況。現在產檢，若是孕婦超過年齡三十五歲，因為罹患有唐氏症的機率較高，當母血檢查時，發現機率較高時，應進一步建議孕婦做羊膜穿刺，一般而言，羊膜穿刺的安全性很高，約有百分之零點五的孕婦，在實施後，有一點出血，或羊水的流出，若時間不長，並不需要擔心，但也有少數的孕婦可能會造成感染、流產，但因羊膜穿刺術造成胎兒畸形的病例，至今尚未發生過。

臍帶採血術

這項檢驗主要是為了檢查胎兒的血液，若胎兒有貧血，可做子宮內輸血，也可做胎兒的血中蛋白質分析，檢查是否胎兒有感染其他病毒，如德國麻疹、蛀血原蟲症等。

若胎兒有生長遲緩的現象，也可以透過血液中的酸鹼值、含氧量來了解狀況。

高層次超音波

其實就產科超音波而言，有一般與高層次之分，一般超音波檢查是做一些簡單的測量，用來評估胎兒的大小、體重，或者是否有明顯重大的畸型或異常，而高層次超音波，除了測量之外，還可以增加對胎兒身體構造，如心臟、腦部、腎臟、肺臟、肝臟等，做進一步的檢查，也就是說能將胎兒從頭到腳、由內而外，針對每一個器官，做詳細的測量、檢查跟評估，所以胎兒高層次超音波檢查，有百分之八十左右的胎兒畸形可被發現，若再配合杜卜勒彩色超音波，如有先天性心臟病，約有百分之八十可檢查出來。

4D立體超音波

是近年來醫療診察技術的另一個大進步，除了能夠看到傳統的3D立體靜態影像之外，也可以及時看到胎兒動態的影像，它是利用每秒高達八到十六張影像的掃描速率，看到動態影像，能夠很清楚地看到胎兒上下、前後、左右的畫面，以及相關位置，還可看到胎兒伸手、踢腳、吸吮大拇指、打呵欠、甚至臉部細紋的表情都一覽無遺，因此4D立體超音波，是產前能讓準爸爸與準媽媽清楚地看到胎兒在子宮內的成長與發育，若有先天性的畸型，也能及早發現。

不孕症篇

女性不孕症的各項檢查

子宮頸黏液檢查

女性在接近排卵期的時候，連接子宮與陰道的子宮頸會充滿了水樣透明的分泌物，因此只有在良好的子宮頸黏液存在的時候，才能游進子宮腔內。

一般正常子宮頸黏液，約0.3至0.4ml，若少於這個數量，或過於黏稠時，便無法順利進入子宮腔內，造成不孕。若將此黏液放在玻璃片上，用小玻璃片將黏液牽絲時，可牽引十至二十公分之長，這就是黏液的牽絲性，如果黏液過於黏稠時，就拉不上來。

同房試驗

就是在接近排卵日的深夜性交，隔天到醫院，檢查子宮頸黏液中，游動精子的數量，稱為同房試驗，（postcoitaltest，PCT），一般情況良好的同房試驗，若有較多活動性良好的精子能進入陰道內，通常可以獲得較高的懷孕率。

同房試驗主要是在篩選免疫性不孕有很大的幫助，因為部份很難治療的不孕症女性，其體內有阻礙卵子及精子結合的抗精子抗體。

同房試驗的判定基礎，若有十五隻以上活動的精子數，就具有較高的懷孕率，若十到十四隻、五到九隻，可預期懷孕，若四隻以下，顯然懷孕率不佳。

子宮輸卵管攝影

在月經結束後，才能做子宮輸卵管X光攝影，（Hystero salpin gography，HSG），主要是從子宮頸的入口，注入顯影劑溶液，來觀察子宮腔以及輸卵管的狀況，有從子宮口注入藥液的〈通水法〉，或注入二氧化碳的〈通氣法〉，主要我們是想要得知輸卵管的通暢性，但是這兩種方法，對子宮腔或輸卵管的形態，就不清楚了，通常子宮輸卵管攝影在早期治療不孕，是必定要做的檢查，因為可以知道輸卵管的通暢性，亦可以得知輸卵管織周圍沾黏的程度，所以通常要子宮內膜不肥厚，月經結束後，至排卵前做，最為恰當。

攝影檢查時一邊將影像呈現在監視器，一邊將顯影劑注入子宮腔的腔內，通常在輸卵管末端注滿顯影劑時，照一張照片，當顯影劑明顯地流往腹腔時，再照一張照片。

在臨床上觀察，若用油性顯影劑做子宮輸卵管攝影後，9週內有33%會懷孕，而用水溶性顯影劑，則有17%會懷孕，由此結果可得知，做子宮輸卵管攝影，不但具有診斷的價值，還有增加懷孕率的作用，因為顯影劑會讓輸卵管呈現機械性的擴張，改善輕度沾黏的障礙，同時刺激輸卵管的纖毛運動，而且，顯影劑因含有碘，具有殺菌作用，因此能將腹腔中的病菌抑制掉，而幫助懷孕。

陰道超音波檢查

是將如大拇指般粗的超音波診斷裝置放入陰道內，可將子宮卵巢在螢幕上，掃描出來的檢查，叫作陰道超音波檢查，做此檢查可診斷出是否有子宮肌瘤、子宮肌腺瘤，或卵巢囊腫等，做此檢查可針對卵巢內，卵泡的大小、成熟度，而正確的推算出排卵日，通常在月經期間，用陰道超音波檢查，可發現約有5mm左右的卵泡，到了排卵期就會變成20mm左右，而且因排卵，卵泡消失的樣子，都可以正確的顯現在螢幕上，此外，還可以診斷出卵巢內看起來有許多多數小卵泡的多囊性卵巢，或者是有巧克力囊腫、卵巢腫瘤等。

因此，最主要做這項檢查也是要正確地診斷出卵泡發育的狀態，而知道何時接近排卵，提高受孕率。

抽血檢查泌乳激素

當月經異常或有排卵障礙時，也有可能是由於腦下腺分泌的泌乳激素，〈prolactin，PRL〉，分泌過多，這是一種促進乳汁分泌的荷爾蒙，主要是希望懷孕婦女，如果大量分泌泌乳激素時，就會造成月經的不順、排卵障礙。通常這種女性兩邊的乳房偶爾會流出少量的乳汁，而正常的婦女血中的泌乳激素，通常是小於20ng/ml。

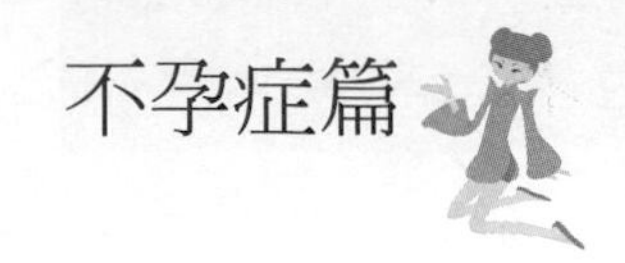

腹腔鏡

腹腔鏡是不孕症的基本檢查之一，可確定是不是因為輸卵管阻塞，或輸卵管疾病所造成的不孕症，因為兼具有檢查，以及治療的作用，因此不孕症檢查腹腔鏡佔有極重要的地位，

內視鏡在生殖促進手術包括了：

第一、是否輸卵管的阻塞檢查。

第二、輸卵管與卵巢旁邊沾黏的去除。

第三、輸卵管的整型手術。

第四、阻塞的輸卵管造口手術。

第五、阻塞或結紮後的輸卵管再接手術。

第六、嬰兒禮物合子輸卵管植入術。

何謂腹腔鏡手術呢？

是利用幾個小傷口來執行複雜的手術，最主要是利用肚臍處一公分的傷口，置入內視鏡系統，利用內視鏡本身的光源跟影像，將腹盆腔內的病灶，放大二十倍，投影在螢幕上，再利用腹部三個0.5公分切開性的小傷口，置入套管，再利用這些套管，放入機器，而執行所謂腹中複雜的手術，此外做此檢查時，還可以診斷出子宮內膜異位，輸卵管形態，子宮週圍狀態的病變，同時，在做此檢查，還可從子宮口注入

色素水，觀察色素從輸卵管喇叭口流入腹腔內的通色素法，以辨認輸卵管是否通暢，若有輕微的輸卵管沾黏，也可在腹腔鏡下做治療。

子宮鏡檢查

通常做子宮輸卵管攝影，發現子宮腔內有異常時，就有必要做子宮鏡的檢查，〈Hysteroscope〉，這是一種將直徑3mm左右的微細纖維內視鏡置入子宮腔中，用來觀察子宮腔內的檢查，對於子宮內膜的病變，或者是內膜下的子宮肌瘤、息肉，都是極有效的檢查方法。

一般子宮鏡有分為診斷性的子宮鏡，以及手術性的子宮鏡。

診斷性子宮鏡的速度相當快，若在有經驗的醫師操作之下，大約五分鐘就可以完成對子宮做一個很好的觀察。

而手術性的子宮鏡，可以在子宮腔中進行切除息肉、子宮肌瘤、子宮中膈，或生殖道異常的切除。

高性腺激素不孕症

若在月經來後第一、第二天，抽血檢查，若濾泡激素高於正常值，則此週的受孕機率便降低。若長期月經不來，濾泡激素大於35mIU/cc，則是屬於卵巢早衰所造成的。

子宮內膜異位症

子宮內膜異位症指的是子宮腔上的一層含有豐富腺體、淋巴，以及新植細胞的內膜組織，離開了子宮腔的位置，跑到子宮腔以外的地方，種植下來，如卵巢、輸卵管、腹盆腔等地方繼續生長，就稱為子宮內膜異位症。

通常發生的部位，以子宮肌肉層最多，其次是卵巢、子宮、直腸陷凹腹膜、直腸、乙狀結腸、輸卵管等。

子宮內膜異位症若是發生在子宮內時，叫做內在性子宮內膜異位症，也就是所謂的子宮肌腺瘤；發生在子宮以外的臟器，就叫做外在性的子宮內膜異位症。

內在性子宮內膜異位症的成因

醫源性所造成

我們發現在臨床上剖腹生產的媽媽，在腹部傷口會造成子宮內膜異位的病灶，因此可以推測，因為剖腹生產時，有些子宮內膜細胞被移植到傷口上，而造成子宮內膜異位症，生長在傷口，這也是所謂因為醫源性所造成的。

還有，就是子宮括刮術的次數過多，而造成子宮壁的損傷時，也會導致子宮內膜深入種植的機會。

荷爾蒙的不平衡

尤其是求偶素偏高的時候，也是造成內在性子宮內膜異位症的原因。

由於子宮內膜局部，或瀰漫分布在子宮壁裡

所以子宮會呈現充血、擴大、增殖的現象，通常子宮腔的體積會比較大，所以會影響到子宮收縮，造成了經血過多，或者是有續發性痛經的症狀。

外在性子宮內膜異位症的成因

子宮內膜的逆流

通常月經來時，子宮內的內膜會在正常情況下因為子宮收縮，由上而下，從子宮、子宮頸、陰道出來，這些血液包含了一部份脫落的子宮內膜細胞、以及子宮腺體和間質細胞。

若是一種不正常的情況下，導致子宮內膜的溢流，由子宮經過輸卵管，到了腹盆腔，種植下來，變產生了子宮內膜異位症。

更進一步的發現，當血液內的求偶素的濃度較高的時候，也容易產生經血逆流的現象。

胚胎細胞的化生

在胚胎發育演變的過程中，由於體腔細胞，造成苗勒氏管，子宮就從體腔細胞發育而來，衍生成苗勒氏管的原始細胞，可能就存在骨盆腔的腹膜，或者是卵巢的表面，而造成演變成子宮內膜的能力，所以當受到了月經週期、求偶素，以及黃體素的刺激，便演生成子宮內膜細胞。

血液及內膜，淋巴的播送

通常正常剝落下來的子宮內膜細胞，因經由骨盆腔血液，或淋巴系統，傳播到身體的其他地方，而造成子宮內膜異位。

子宮內膜異位症最常見的症狀

一、痛經

二、性交疼痛

三、下腹痛

四、腰部疼痛

五、月經不規則

六、不孕症

傳統中醫學對子宮內膜異位症的相關文獻記載

痛經是子宮內膜異位症最常見的症狀。因此在傳統醫學上，屬於〈痛經、經行腹痛、月水來腹痛、經期腹痛〉等範疇。

痛經最早見於漢·〈金匱要略方論，婦人雜病脈證并治〉「帶下、經水無力，少腹滿痛……」在金元時期對痛經，更進一步的描述，如元朝〈丹溪心法，婦人〉，提出痛經有瘀血、鬱滯、血實所致，因此在臨床上，將經痛分爲虛、實之分，經前痛爲虛，經後痛爲實。

清朝，吳謙等著《醫宗金鑒，婦科心法要訣，調經門》將痛經歸納，痛經的機理及治法，歸納爲「經後腹痛當歸建，經前脹痛氣爲殃，加味烏藥湯烏縮，延草木香香附檳，血凝礙氣疼過脹，本事琥珀散最良，稜莪丹桂延烏藥，寄奴當歸芍地黃。」

以上有關痛經的記載，反應到歷代醫家，在觀察痛經的反覆性很高，因此在治療上，也較為複雜，所以在治法跟用藥上，還是要參照辨證論治。

中醫認為，子宮內膜異位症的致病，多在於患者體質虛弱，尤其是先天之本不足，又在腎虛的前期下發生。

總而言之，血瘀是子宮內膜異位症的病理病因，瘀阻衝任，胞宮胞脈，經行不暢，不通則痛，而衍發為痛經的症狀。

所以在治療子宮內膜異位的時候，要注意其發病的經、產、胎，都有關係，所以，通常這種病症大多發生於生育時期，若不

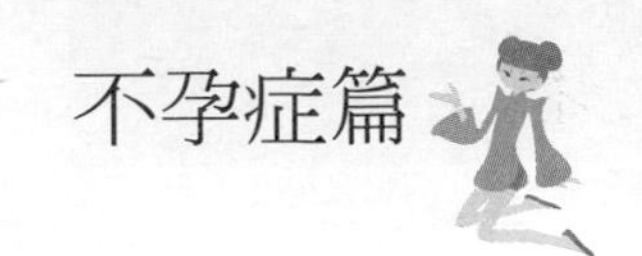

加以治療，病情會發展愈來愈嚴重，症狀也會加重，而此種病症又經常的反覆發作，因此帶給病患很大的困擾。

痛經是子宮內膜異位症最常見的症狀，在中醫也是屬於痛經的範圍，與情志所傷，就是情緒的問題，或者是六淫，指的就是風、寒、暑、濕、燥、痰等六種病因，都有相關。通常其發病的機轉，以痛則不通而概括之。所以若衝任胞宮氣血的運行不通暢，則不通則痛，若衝任胞宮失於濡養，則不榮而痛。

在臨床上常見有氣滯血瘀、寒凝血瘀、氣虛血瘀、腎虛血瘀、瘀熱互結這五型。

氣滯血瘀

病因病機：由於平日情緒較為不穩定，所以容易導致肝氣鬱結，而使經血的運行不通暢，而引發痛經，所以在「傅青主女科，調經，經水來，腹先痛」中就有一句話說明了，經欲行而肝不運，則浮其氣而痛生。

症　　狀：通常在月經來潮前一、兩天，或經期，小腹便開始脹痛、情緒不穩、煩燥，月經來時，不順暢、量少、有血塊，當血塊排除後，疼痛便較為減輕，同時伴隨有乳房漲痛，舌尖有瘀點，脈弦等症狀。

治療法則：理氣活血，逐瘀止痛。

方　　藥：膈下逐瘀湯

組　　成：當歸三錢、川芎二錢、赤芍二錢、桃仁三錢、紅花三錢、枳殼一錢五分、延胡索一錢、五靈脂三錢、牡丹皮二錢、烏藥二錢、香附一錢五分。

方　　解：當歸、赤芍、川芎，有活血、養血的作用；桃仁、紅花，可破血、行血、消瘀滯及腫塊，通常補血藥與活血藥通用，可使瘀血去，而不傷正氣；牡丹皮，涼血、活血；烏藥，行氣止痛；五靈脂，活血、去瘀止痛；香附、延胡索，理氣、止痛、去瘀；枳殼，健脾、開胸、行氣、以防止理氣藥過多，而損傷了真氣。

枳殼、烏藥、香附，理氣止痛解鬱；當歸、川芎，補血柔肝、調經止痛；赤芍、桃仁、牡丹皮，活血去瘀；延胡索、五靈脂，止痛化瘀的作用。

寒凝血瘀

病因病機：多因經期間，冒雨吹風，或者是月經來，貪食生冷的食物，而導致內傷寒氣，或者由於生活的環境，受到了風、寒、濕、冷的傷害，而使得經血凝滯不暢，而導致寒濕凝結，侵犯下焦，使之瘀滯，經行腹痛。

症　　狀：常見有月經期，或者是經後小腹冷痛，若經常熱敷，經痛便會減輕，月經量少，色淡黯，腰酸、

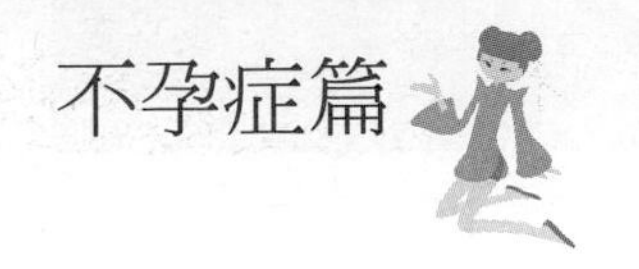

手腳怕冷、頻尿、脈沉、舌苔薄白。

治療法則：溫經散寒、活血去瘀、止痛。

方　　藥：溫經湯，加上少腹逐瘀湯。

少腹逐瘀湯組成：當歸三錢、川芎三錢、赤芍二錢、五靈脂二錢、蒲黃三錢、延胡索一錢、沒藥一錢、肉桂一錢、小茴香七粒、乾薑二分。

方　　解：肉桂、乾薑，溫經、補腎散寒，可減緩少腹子宮的虛寒；延胡索，理氣、止痛、散瘀、消腫；蒲黃、五靈脂，合用即所謂的失笑散，可活血散瘀、止痛，若蒲黃生用，可加強活血化瘀的強度；五靈脂炒用，可止痛、不傷胃氣；當歸，補血活血，而不傷新血；川芎乃血中的氣藥，搭配赤芍，可加強活血、調經、行氣的功效。

溫經湯組成：人參三錢、當歸四錢、川芎三錢、桂枝三錢、吳茱萸三錢、牡丹皮二錢、白芍四錢、半夏四錢、麥門冬三錢、生薑三片、阿膠四錢。

方　　解：吳茱萸、桂枝、生薑，溫經散寒；當歸、阿膠、川芎、白芍、牡丹皮，補血、活血、養血、去瘀；吳茱萸、當歸、麥門冬，滋陰清熱；半夏，去痰、降胃氣。人參補益脾氣，大補中氣。

氣虛血瘀

病因病機：由於身體體質虛弱，或者是久病、大病之後，氣血俱虛，而導致衝任二脈，氣虛血少，不能夠濡養胞脈，而使得氣血流通不順暢，因而導致瘀滯，而引發痛經。

症　　狀：通常於月經乾淨後，或者是經期，小腹隱隱作痛、月經量少、色淡、容易疲倦、無力、面色萎黃、食慾不佳、舌淡、苔薄白、脈沉弱。

治療法則：益氣、活血、去瘀、止痛。

方　　藥：聖愈湯，加上五靈脂，生蒲黃。

組　　成：黨蔘二錢、黃耆三錢、當歸四錢、川芎一錢半、芍藥三錢、熟地三錢、加上五靈脂三錢及生蒲黃二錢，即所謂的失笑散。

方　　解：黨參、黃耆，大補元氣；當歸、川芎、熟地，補血滋陰；生地，清熱涼血，諸藥合用，可達到補氣養血的功效。

腎虛血瘀

病因病機：是由於先天體質虛弱，肝腎不足，或房勞過度，損傷腎氣，導致胞脈失養，尤其經行後，血海空虛，經血更虛，又因久病必瘀，而引發衝任胞宮失於濡養，而導致痛經。

症　　狀：久婚不孕、月經延後，或量少、色淡暗、有血塊、經行腰酸、下腹下墜感、腹痛、平常容易腰膝酸軟、頭暈、睡眠多夢、舌紫暗、舌尖有瘀點、脈沉弱。

治療法則：活血化瘀、補腎、養血。

方　　藥：補腎活血湯，加上丹參、益母草。

組　　成：桑寄生三錢、菟絲子三錢、當歸二錢、香附二錢、女貞子二錢、白芍二錢、山茱萸二錢、續斷二錢、白朮二錢、丹參三錢、益母草三錢。

方　　解：菟絲子、女貞子，平補陰陽；續斷，補腎固腰；山茱萸，滋養腎陰；香附，理氣、調經止痛；當歸、白芍，養血、活血；白朮、調補脾胃；桑寄生，補腎顧腰；丹參、益母草，活血、行瘀。

瘀熱互結

病因病機：因為瘀熱主治胞脈，導致脈弱不通順，而使得瘀熱互相夾雜，導致不通則痛，而引發痛經。

臨床症狀：除了有熱象之外，還合併有血瘀的症狀，經期發熱、色深紅、質稠、大便祕結、口乾、脈滑數、舌質紅、苔黃，有時下腹脹痛。

治療法則：清熱、活血化瘀、止痛。

方　　藥：清熱調血湯，加蒲公英、薏苡仁。

組　　成：生地黃二錢、黃蓮一錢、牡丹皮三錢、當歸二錢、川芎二錢、紅花一錢、桃仁二錢、莪朮二錢、延胡索三錢、香附二錢、白芍二錢、蒲公英二錢、薏苡仁三錢。

方　　解：生地黃、黃蓮、牡丹皮，清熱、活血、涼血；當歸、川芎、紅花、桃仁、莪朮、延胡索，活血、化瘀，止痛；香附，理氣止痛；白芍，養血、柔肝；蒲公英、薏苡仁，可增加清熱、解毒，去濕、化瘀的效果。

生活守則

◎經期避免受到風寒，少飲用生冷、冰涼的食物，這樣才能減少寒血侵犯子宮，造成瘀滯、痛經的現象。

◎若屬於寒凝血瘀的子宮內膜異位症狀，可將熱敷袋放在小腹的地方熱敷，以溫通氣血，行氣活血，月經來時，經血更加順利運行，緩解疼痛。

◎平常多休息，避免過於勞累，以及經期劇裂運動，禁食生冷的食物。

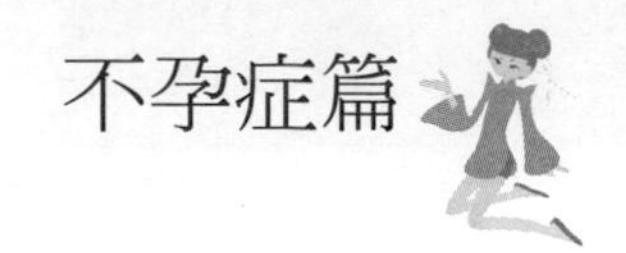

藥膳養生

益母草紅糖生薑飲

組成：益母草三錢、紅糖10g、生薑三片、桂枝兩錢。

做法：將上述藥材用過濾袋包好，放入鍋中，加入500cc的水，用大火煮沸後，轉小火，煮約五分鐘，熄火，燜約十分鐘後，放溫即可飲用。

功效：可改善子宮虛寒，月經來容易小腹脹痛、有血塊，經行不暢的症狀。

玫瑰艾葉泡澡

藥材：玫瑰花3錢、艾葉5錢

做法：將藥材置入過濾袋中，用1500cc的水煮沸後，改小火煮約10分鐘，即可濾出藥渣放入浴缸加水加至8分滿，約40度C，下半身泡澡。

功效：玫瑰花可活血、去瘀、疏肝解鬱，搭配艾葉可溫通子宮經絡、改善末梢循環。可疏緩子宮內膜異位造成宮縮痛經的症狀。

做法：經前一星期開始泡澡。

保健要點：

減少子宮內膜異位發生，要注意以下各點：

一、減少經血的逆流。

因為臨床上發現子宮頸較狹窄或閉鎖的人，較容易發生子宮內膜異位症，若能將子宮頸口增大，便可增加經血順利流出子宮，降低子宮內膜異位症的發生。

二、應該儘量避免月經來潮時，做婦科檢查。

例如，子宮輸卵管攝影，或裝置避孕器。最好選擇經期結束時，再做此檢查，或裝置，這樣可以減少經血逆流的現象。

三、讓卵巢休息。

懷孕可使卵巢暫時停止排卵，使月經不再來潮，這樣可改善經血逆流的現象，因為懷孕時有較高的黃體素分泌，可壓制子宮內膜的生長，所以可以減緩子宮內膜異位症。

第四、較年輕的少女，可做適當的運動。

平時下腹的熱敷，下半身的泡澡，可使下腹盆腔的血流順暢，即可減低子宮內膜異位的生長。

穴位按摩保健

穴位保健

可在氣海、關元穴，溫灸二十分鐘，使熱通過針身傳到穴位，而達到溫經、通絡、止痛的效果。或針足三里、三陰交、合谷、血海穴，留針三十分鐘。

穴位：按摩三陰交、合谷、足三里、血海、灸氣海、關元。

功效：三陰交為中醫治療婦科疾病的常用穴位，加上合谷穴可增強調經止痛的作用，足三里則為強壯要穴，有助於增強體質改善痛經；若是經前月經悶脹不出，血海則為特效穴。此外，用艾灸氣海、關元穴，會對盆腔臟器組織產生溫熱效應，可改善盆腔的血液循環；尤其針對經行下腹冷痛，溫灸、熱敷疼痛處，有改善痛經現象的效果。

治療建議

子宮內膜異位患者引起的痛經，最好能以西醫的檢查、手術配合中醫的治療，多管齊下以達最佳療效。

以上這幾個方法，都可以幫助子宮內膜異位復發的預防與保健方法。

生活守則

◎禁食生冷：痛經婦女宜避免食用生冷食物，尤其是小腹發脹、冷痛、虛寒的女性；對於涼、寒性食物如西瓜等瓜類水果、梨子、鳳梨、椰子水、楊桃汁、葡萄柚、哈密瓜、香瓜、橘子、椰子、甘蔗、柚子、梨子、楊桃、橘子、蕃茄、蓮霧、萵苣、綠豆、冬瓜、竹筍、豆腐〔石膏性寒〕、苦瓜、蘆筍、冬瓜、菜瓜、芹菜、蘿蔔、大白菜、小黃瓜、竹筍、水梨、空心菜茭白筍等，要盡量避免食用；過份辛辣的食物同樣不宜，如辣椒、羊肉、烤炸食物及酒。可多吃的食物，包括蘋果、櫻桃、葡萄、菠菜及蛋、動物肝臟、瘦豬肉、草莓、釋迦。

◎避免勞累、受寒：需養成規律的生活習慣以增強體質，天冷時則須防止受寒並注意保暖。

◎在月經期間應避免劇烈運動及過度勞累及性生活以免造成經血逆流。

◎維持心情愉快：放鬆心情，消除恐懼、焦慮的負面情緒及精神壓力。

◎不要一味服用止痛劑。

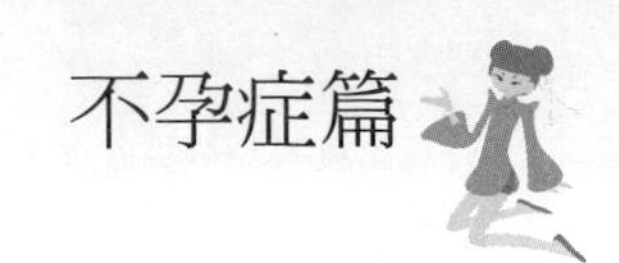

什麼是多囊性卵巢症侯群呢？

在臨床上，可發生無排卵性的月經，或是排卵次數過少，體內的雄性荷爾蒙過高，加上超音波檢查，發現卵巢中有許多未成熟的卵泡，圍繞成像項鍊般的特徵。

多囊性卵巢症侯群的西醫病因

近來研究多囊性卵巢患者，對胰島素的利用較差，故胰臟細胞代償性的分泌，就會產生更多的胰島素，造成這類病人血中胰島素比正常人還高，因此會作用在卵的周圍細胞，也就是所謂的濾泡細胞，分泌更多的雄性荷爾蒙，也會使肝臟分泌性荷爾蒙結合蛋白減少，所以相對地，使血中活性的雄性荷爾蒙增多，於是就造成濾泡（卵泡）不能夠長大排卵，因此這些濾泡是以小囊泡的形式，存在卵巢內，故稱為多囊性卵巢。

多囊性卵巢症侯群，主要有哪些症狀？

月經不規則

因為卵巢分泌過多的雄性荷爾蒙，以及腦下垂體分泌過多的黃體刺激素，所以造成不正常的排卵，月經量少，或根本不排卵，造成無月經的症狀。

不孕

不孕常常是這類病人就診的主要原因，因為不易排卵，或根本不排卵，所以造成月經失調，即所謂的原發性不孕。

月經失調

由於黃體功能不足，所以造成月經失調、月經量少、閉經，或者是月經週期延長。一般正常的子宮內膜於飽滿期，約可達1CM左右，而多囊性卵巢病人，因子宮內膜處於增生期，或增殖過度，子宮內膜甚至可厚達1.6CM，所以有時也會出現月經過多，或者是無排卵型的功能性子宮出血現象，若更進一步嚴重發展時，就會造成子宮內膜萎縮，因為月經漸漸地變少，最後形成閉經。

肥胖

超重或肥胖，是因為體內的雄性荷爾蒙過多的關係。通常百分之三十至六十的多囊性卵巢患者，因為血液中的胰島素增加，

造成雄性素增加，因此形成肥胖症，而肥胖又會使得血中的胰島素更增加，如此一直惡性循環，造成更加肥胖。

單側或雙側卵巢增大

從超音波看，可觀察到卵巢表面不平，甚至比正常的卵巢還大三倍，胞膜很厚，質地很堅韌。

青春痘、多毛

這類婦女在口唇、胸部，以及下腹部正中，易出現毛髮，是因為血中的雄性激素，也就是男性荷爾蒙較高的關係，使原來沒有長毛的地方，在短時間出現毛髮，而漸漸會發現毛髮變粗、變長，而且也容易出現痘瘡。

由於月經長期的不來

所以這類患者容易造成子宮內膜的增生、子宮內膜癌、高血壓、心臟病、血脂肪過高、糖尿病等疾病。

中醫觀點，病因：

腎虛血瘀痰濕

病因病機：因為陽氣不足，腎氣虛弱，因此不能夠使體內水份代謝好，而聚積成濕，久則造成氣血循環不佳，造成血瘀與痰濕夾雜的現象。

主要症狀：月經延後、經量少、色淡，慢慢造成閉經、月經週期不規則、或月經來，淋漓不盡、腰膝酸軟、頭暈、耳鳴、身體倦怠、怕冷、舌淡、苔薄白、脈沉細。

治療法則：益腎、活血、調經。

方　　劑：血府逐瘀湯（前已述），二仙湯

組　　成：仙茅三錢、仙靈脾三錢、當歸三錢、巴戟天三錢、黃柏二錢、知母二錢。

方　　解：仙茅跟仙靈脾，搭配巴戟天可溫補腎陽、腎精；黃柏、知母，可瀉腎火，加上當歸，可調理衝任、補血養血。

服　　法：日服一劑，水煎，取汁，分兩次服。

痰濕阻滯

病因病機：因為痰濕阻塞了胞宮，導致衝任不通，所以月經無法正常來行，因此不能夠攝精成孕，所以造成不孕。

主要症狀：月經週期延後、量少、色淡，漸漸造成久婚不孕、身形肥胖、胸悶、下肢沉重、帶下量多、苔白膩、脈沉滑。

治療法則：健脾、化痰、燥濕。

方　　劑：

◎溫膽湯

組　　成：半夏三錢、茯苓四錢、竹茹二錢、陳皮三錢、生薑三片、枳實三錢、甘草一錢。

方　　解：半夏可化痰、燥濕、止嘔；陳皮，理氣化痰；茯苓，健脾利水；枳實，行氣化痰，使痰液容易排出；竹茹，清熱、止嘔、除煩；生薑，健胃、止嘔；此方具有化痰、理氣、調和脾胃的功能。

◎二陳湯

組　　成：半夏三錢、陳皮三錢、茯苓四錢、甘草一錢、生薑三片。

方　　解：半夏為君藥，可燥濕、化痰；茯苓，可幫助體內水份的代謝，以及消痰的作用；陳皮，可理氣、除痰；甘草，健脾、使諸藥調和；生薑，溫經、開胃。

服　　法：日服一劑，水煎，取汁，分兩次服。

肝鬱氣滯

病因病機：因為氣機運行不暢，形成血瘀的體質，而導致氣血運行受阻、蘊濕成痰、衝任受阻。

主要症狀：月經延後、量少、經期淋漓不盡、色暗紅、質稠，久則導致閉經、不孕、經前乳房脹痛、小腹脹痛拒按、脇肋脹滿、舌黯、有瘀點、脈沉澀。

治療法則：理氣活血、去瘀通經。

方　　劑：

血府逐瘀湯，加上柴胡疏肝湯。

◎血府逐瘀湯（前已述）

◎柴胡疏肝湯

組　　成：柴胡三錢、白芍三錢、陳皮二錢、枳殼三錢、川芎二錢、香附三錢、炙甘草一錢。

方　　解：柴胡，可疏肝理氣解鬱、枳殼、陳皮、香附，可行氣、化痰；芍藥，養血、柔肝、斂陰；川芎乃血中之氣藥，既可活血又可行氣；炙甘草有調補脾胃、調和諸藥的作用，故此方具有疏肝解鬱、理氣健脾、養血活血的功效。

服　　法：日服一劑，水煎，取汁，分兩次服。

肝鬱化火

病因病機：肝火煎熬津液，化成痰濕、瘀血、阻於胞中。

主要症狀：月經量少、閉經、或久婚不孕、面部痘瘡、經前乳脹、多毛、大便閉結、苔黃膩、脈滑弦滑數。

治療法則：瀉肝解鬱、清熱除濕。

方　　劑：龍膽瀉肝湯，加上加味消遙散。

◎龍膽瀉肝湯（前已述）

◎加味消遙散

組　　成：當歸一兩、茯苓一兩、梔子三錢、薄荷一錢、芍

藥一兩、柴胡一兩、甘草五錢、白朮一兩、牡丹皮三錢、煨薑三錢。

方　　解：丹梔逍遙散，乃逍遙散加上牡丹皮、梔子。
方中，柴胡，疏肝氣、解鬱；當歸、芍藥，可補血養血柔肝；牡丹皮、梔子，清熱、活血、涼血；薄荷，芳香開鬱、理氣；茯苓、白朮，健脾、益氣；甘草，調和諸藥。

服　　法：上藥為粗末，每次大約一錢，亦可做湯劑，用量按原方比例酌減。

養生藥膳

芎歸益母草雞湯

材　　料：當歸2錢、川芎2錢、菟絲子3錢、益母草3錢、烏骨雞塊500g

做　　法：將藥材用過濾帶包好，烏骨雞塊洗淨川燙後備用，放入鍋中加上800cc的水加熱煮沸後，轉小火煮約15分鐘，即可濾出藥渣飲用。

功　　效：當歸可活血補血，有促進子宮血循的作用，川芎則可活血行氣，菟絲子促進內分泌機能搭配益母草更加強活血去瘀利水的效果，能改善腎虛瘀血痰濕的多囊性卵巢症後群。

食　　法：經期時飲用3天。

灸命門按摩三陰交

功　　效：促進子宮卵巢內分泌機能，幫助排卵。

命門取穴：第十四椎凹窩中，一般與肚臍正中相對。

　　　　　三陰交（前已述）

生活守則

◎多囊性卵巢症侯群的患者，因為長期的閉經，所以有肥胖的問題，所以通常在服藥調理內分泌的同時，建議多鼓勵減輕體重，使身體的氣血運行更好，服藥的效果會更佳。

◎減少情緒上的變化，保持心情的開朗，可以減少多囊性卵巢症侯群誘發的原因。

◎提倡均衡的飲食，減少辛、烤、炸、辣，高粱厚味，及生冷的食物，減少痰濕的生成，以及損傷脾胃的誘因。

治療建議

◎因為中藥治療的療程較長，所以必須有耐心，服用中藥調理。而用中藥調理最大的優點，是可以整體上去調整基礎

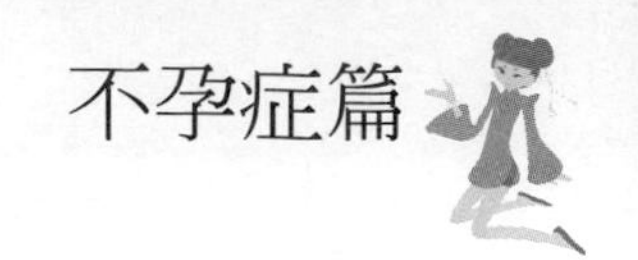

功能，調整月經週期，因此具有治本的效果。

◎若有肥胖、多毛，以及青春痘增多的現象，以及月經不規則時，就應該要及時就診、治療。

◎多囊性卵巢症侯群，因為體內有較高的雄性激素，因此有可能發展為子宮內膜癌、乳癌、冠心病等高危險因素，所以應該選擇積極的治療，而不是因為不易受孕才接受治療。

流產

根據流產的過程，所表現的症狀，所處的不同階段，可分為先兆流產、習慣性流產、難免流產、不完全流產，以及完全流產。

先兆性流產

是指妊娠二十八週前，出現陰道出血，下腹疼痛，但是子宮頸未開，胎膜未破，妊娠胎兒尚未產出，仍有希望繼續懷孕者。

習慣性流產

是指自然懷孕、自然流產連續三次或三次以上者。

難免流產

是指流產已經不可避免，通常是因先兆流產發展而來。

不完全流產

是指妊娠的產物已經有部份排出體外，但仍有殘留在子宮腔內，是由難免流產發展而來的。

完全流產

是指妊娠的產物已全部的排出子宮外，出血也慢慢停止，腹痛也漸漸地消失了。

稽留流產

是指胚胎或胎兒在子宮內已經死亡，而尚未排出，即所謂的胎死腹中。

所以流產屬於中醫學的胎漏、胎動不安、妊娠腹痛、滑胎、墮胎、小產、暗產，胎墮難留、胎死不下等範疇。

中醫之診斷治療法

在二十週以前，或胎兒在五百克以下分娩即稱為流產。一般可分為人工流產以及自然流產。一般人工流產可分為藥物流產，如用催產素、前列腺素、RU486；手術流產，如真空吸引術、子宮頸擴張刮除術等。

自然流產的定義

即未使用人工的方法，在懷孕二十週前，即將胎兒產出，或胎兒體重小於五百克。一般按時間的早晚，又可分為早期流產，通常在十二週前，所發生的流產即為所謂的早期流產，佔自然流產率約六成左右，發生率約二十百分比。

晚期流產的定義

約在十二到二十週，發生自然流產的現象，通常又稱做小產。

一般自然流產包括了先兆流產、完全流產、不完全流產，以及不可避免性的流產，或是胎死腹中，習慣性的流產。

自然流產的病因

◎胎兒因素：

一、染色體的異常：

通常早期即發生流產的現象，與染色體的異常有相當高的關係，即所謂的萎縮卵。在臨床上發現自然流產的組織當中，約有六成左右有染色體的異常。主要是有三連性體染色體，以及單染色體，多套染色體的異常等。

二、晚期的流產：

與胎盤缺陷比較有關係，或者是子宮腔的不正常，也約佔有百分之二十。

◎母體因素：

一、感染發炎：

可能是因為急性的高燒感染，而導致胚胎的死亡，或是梅毒，而導致胎死腹中。

其他，如局部性的感染，盆腔膿瘍，或者是腹膜

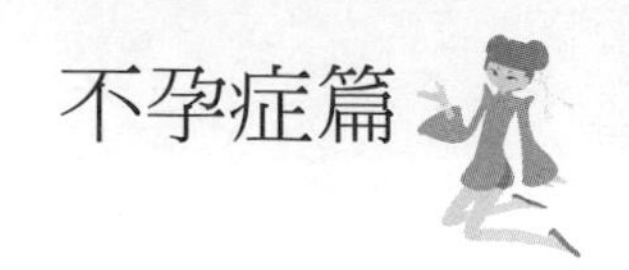

炎，也皆可能會引起流產。

二、生殖道的異常：

如子宮頸閉鎖不全，子宮畸型、子宮肌瘤，子宮內膜異位。

三、營養不良：

因為營養不足，導致體重嚴重的流失，也可能會造成流產的因素。

四、內分泌失調：

由於黃體激素分泌的不足，所以子宮內膜無法形成良好的營養，以滋潤供給受精卵，因此就發生了早期流產的現象，通常在受精後，滋養層會分泌絨毛膜促性腺激素（HCG），刺激黃體持續產生黃體素以及雌激素，若胚胎的狀況不良，即有可能導致黃體激素的分泌不足。

五、其他因素：

如母親年紀較大，高齡產婦，或者與胎兒A、B、O血型不相容，或是抽煙、喝酒、服用不明藥物等，都有可能造成流產。

流產之中醫病因病機

中醫認為引起流產發生的病因病機，有胎元以及母體兩方面的因素，如諸病源侯論說，〈其母有疾以動胎〉，和〈胎有不牢固以病母〉，兩大類。

胎元方面

若胚胎本身有問題，使得胚胎不夠牢固，也有可能因為父母先天的精氣不足，也就是所謂的卵子以及精子，本身的條件不夠好，使得結合時，胚胎本身就有缺陷，所以引起了胎漏、胎動不安，因為胚胎本身就有問題，所以通常用藥物治療，往往效果並不好，最後總不可避免導致小產以及流產。

母體方面

◎腎虛

病因病機：由於先天的條件不好，體質腎氣較虛，或者是因為早婚，房事不節，消耗過多腎氣，而導致腎虛，衝任不固，而使得胎失所養，所以導致胎動不安、小產、滑胎，或者是胎漏。

臨床症狀：在妊娠中期或早期，陰道有小量的出血，色淡紅，或暗紅，小腹隱隱作痛、腰酸、頭昏、手腳怕冷、瀕尿、舌淡、苔薄白、脈沉、無力。

治療法則：補腎安胎、補養氣血。

治療方藥：壽胎丸。

組　　成：菟絲子一兩五錢、桑寄生一兩、續斷五錢、阿膠三錢。

方　　解：菟絲子補肝腎，滋養強壯體質，桑寄生、續斷，

安胎續筋骨，阿膠補血養血。

服　　法：蜜丸，每日三次，每次十顆。亦可作湯劑，但用量按原方比例酌減，早晚各服一次。

◎第二、氣血虛弱

病因病機：若本身的體質，氣血較於虛弱，脾胃就容易虛損，又因為妊娠惡阻再損傷了脾胃，導致氣血更是虧損，因此失於調養，引起腎氣不足，氣虛血少，當然載胎無力，而使得胚胎失於滋養，甚至因為氣血太過虛弱，而導致胎死不下。

臨床症狀：在妊娠中、早期，陰道少量出血、色淡、下腹有下墜感、面色萎黃、精神疲倦、容易心悸、氣喘不起來、舌淡、苔薄白、脈細滑而無力。

治療法則：益氣養血、安胎。

治療方藥：八珍湯，加上杜仲。

八珍湯（前已述）

方解：加上杜仲增強顧腎安胎的作用。

◎第三、血熱

病因病機：因為本身體質就偏於陽氣過盛，而懷孕過後，又常吃一些烤、炸、辣，上火的食物，或者是情緒不穩定，導致七情內傷、肝鬱化火，久而久之，陰虛容易生內熱，而干擾到衝任，終究損傷胎元，而導致胎漏、胎動不安、早產的現象。

臨床症狀：妊娠中、早期，陰道少量出血、色鮮紅、少腹微微作痛、唇乾、口乾、舌質紅、苔黃、脈滑數。

治療法則：滋陰清熱、補血安胎。

治療方藥：自擬方：

組　　成：生地二錢、山藥三錢、續斷三錢、桑寄生三錢、阿膠二錢、黃芩二錢、白朮二錢。

方　　解：生地滋陰補血，山藥補腎安胎，續斷、桑寄生，補肝腎改善胎動不安，阿膠補血安胎，黃芩、白朮安胎聖藥

服　　法：日服一劑，水煎取汁，分二次服。

◎第四、肝鬱

病因病機：由於妊娠時，情緒煩燥、氣機不順，導致肝鬱，或者胎兒日漸長大，阻礙了氣機，而發生妊娠腹痛，或胎動不安。

臨床症狀：懷孕時，小腹悶痛、陰道有少量出血、胸悶、煩燥、情緒不穩定、胃脹，有時會嘔吐、嘔酸水，口苦、脈弦滑、舌質淡紅、苔薄白。

治療法則：疏肝、理氣、安胎。

方　　藥：紫蘇飲加桑寄生、菟絲子

組　　成：蘇葉兩錢、茯苓三錢、陳皮三錢、法半夏兩錢、當歸三錢、白芍四錢、黨參一錢、大腹皮兩錢、

甘草一錢、川芎一錢。

方　　解：紫蘇、陳皮、大腹皮，健脾理氣、消除脹氣；當歸、白芍，養血柔肝安胎；黨參，補氣健脾；桑寄生、菟絲子，滋腎養肝安胎。固此方具有調節肝氣養血固胎的功效。

服　　法：日服一劑，水煎取汁，分二次服

◎第五、外傷

病因病機：懷孕期間，因生活不小心，跌倒，或者是提重物，而導致氣血失調，而無法載胎、養胎，或者因為直接的外力撞擊，損傷了衝任，而干擾到胎氣，損傷胎元，可發生胎漏、胎動不安的症狀。

臨床症狀：懷孕期間，因為外傷，而導致小腹疼痛、腰酸、陰道出血、舌質正常、脈滑而無力。

治療法則：益氣和血、固腎、安胎。

方　　藥：聖愈湯，加上桑寄生、續斷。

組　　成：黨參二錢、黃耆二錢、當歸二錢、川芎二錢、白芍二錢、熟地二錢、桑寄生三錢、續斷三錢。

方　　解：黨參、黃耆，補氣健脾；當歸、川芎、白芍、熟地，即所謂的四物湯，具有補血、養血的功效；桑寄生、續斷，固腰骨安胎。

服　　法：日服一劑，水煎取汁，分二次服

生活守則

◎若有流產病史的婦女，除了要用中藥調理之外，平時不宜提重物，也不要過度勞累，房事也必須要有所節制，若因求子心切，而房事無度的話，反而會加重腎氣的衰弱，此外生冷的飲料、食物，更是禁忌。

流產預防

流產的原因很多，所以在保胎的同時，也要注意增強體質、消除緊張的情緒，也可從藥膳這方面去著手。

生活調理

第一、若有習慣性流產的婦女，懷孕時儘量避免勞累、提重物，如有出血時，應臥床休養。

第二、維持外陰部的清潔衛生。

第三、嚴禁房事、登高、攀爬、避免跌倒、挫傷。

第四、禦防感冒、避風寒。

第五、不要食用有損胎兒發育的藥物。

第六、保持大便的順暢，以防排便時過度用力，引起腹壓升高，而導致陰道出血。

飲食調理

飲食方面宜清淡、食用容易消化、富有營養的食物，忌食辛、辣、烤、炸上火的食物，多吃蔬菜、水果，食用補脾、益腎的藥物及食物，如黃耆、杜仲、糯米、黨參、艾葉、雞蛋、鱸魚、阿膠、山藥、苧麻根。

精神調理

若懷孕時，精神過度焦慮，會導致氣滯血瘀，影響到胚胎的發育，因為氣血無法運行到子宮，故容易導致流產，因此有習慣性流產的婦女，應該要注重保持心情愉快、避免過度勞累，若有不適的現象，如腰酸、腹痛、出血等，除了要服用藥物治療之外，儘量多臥床休息，亦可多服用藥膳，增強體質。

治療建議

若是因為黃體功能不全，所導致的習慣性流產婦女，自基礎體溫升高後，便開始要給予中藥，保胎、安胎的治療，而在確定已經懷孕後，也必須持續服藥至前三個月，大致就可安然無恙；

若是流產後，也最好能夠調理三個月之後再懷孕，通常有流產體質病史的婦女，若在黃體高溫期，上升超過十四天，理當已受孕，一定要節制房事，並服用補腎益氣、安胎的中藥，以防再度流產，安胎藥的組成，或者是用藥，還是要請醫師依照個人的體質，望聞問切、辨證論治、把脈，而開立處方，服藥，千萬不可自行服藥，或聽信偏方，以免病情加重、惡化，或讓病情更加複雜。

用藥研究

◎馬氏固胎煎

黨參二錢、當歸二錢、白芍三錢、黃芩一錢、杜仲三錢、桑枝三錢、香附一錢五分、鬱金一錢五分、絲瓜絡三錢、甘草一錢五分

哈荔田婦科醫案醫案選・醫案・妊娠疾病

導致胎漏、胎動、墮胎及滑胎的原因雖有種種，但總不外乎：

（1）脾腎虛損（2）氣血不足（3）衝任失固等幾個方面

尤以：（1）腎不載胎（2）脾失攝養為發病關鍵

（Ⅱ）故安胎當以（1）補腎脾（2）益氣血（3）固衝任為要

（Ⅲ）補腎安胎選用：菟絲子、炒杜仲、川續斷、桑寄生等藥

補氣健脾選用：黃耆、黨參、山藥、茯苓、白朮之類

養血安胎選用：阿膠、熟地、枸杞、棗肉之類

◎「中藥、稀有元素與保胎」

劉熙政等40種調經中藥鋅、銅、鐵含量及臨床意義中西結合雜誌

川斷、山藥、黃耆、龍骨、牡蠣含鋅量較大

覆盆子、菟絲子、白朮、黃耆含銅量較豐富

鋅與細胞分裂、核酸代謝、免疫抑制有關

低銅可能導致胎盤功能不良

◎「壽胎丸安胎作用的機轉」

朱金鳳等先兆流產的辨證論治江西中醫藥

機轉（動物實驗）：

抑制子宮收縮（拮抗PGF2α的作用）

加強腦下垂體——卵巢此一荷爾蒙軸中，促進黃體素生成的功能具雌激素樣作用

方劑組成：菟絲子、桑寄生、續斷、阿膠。

◎「滋腎健脾法治療先兆性流產」

高谷音先兆流產中藥保胎方法的初步探討

所以載丸（陳修園）（黨參茯苓白朮杜仲桑寄生紅棗）

壽胎丸《醫學衷中參西錄》（菟絲子桑寄生續斷阿膠）

保陰煎《景岳全書》（生地熟地白芍山藥續斷黃芩黃柏甘草）

臨床觀察：

改善腹痛及腰痠等症

使陰道出血停止

實驗室研究：

杜仲可抑制子宮收縮

菟絲子可促進黃體形成

黃岑、續斷、白芍有拮抗PGF2α的作用

◎「十三味安胎飲（保產無憂散）」

藥物組成：川芎三錢、當歸三錢、菟絲子三錢、貝母三錢、白芍三錢、荊芥一錢、黃耆三錢、艾葉二錢、厚朴二錢、羌活二錢、枳殼二錢、甘草、生薑三片

運用理論：養血活血、理氣補氣

應用範圍：妊娠腰腹痛、預防流產、安胎、預防難產

臨床研究：本方可抑制T——淋巴球之增殖，有效延長天竺鼠之皮膚移植時間

結果與討論

從參考文獻當中可看出處方內不外乎是補腎安胎藥，或者是補氣健脾藥，以及養血安胎的藥，所以從古代的典籍當中可知道臨床所用的處方，很多都是由這些藥物發展而成的，如：所以載丸、壽胎丸、泰山磐石飲、毓麟珠等，所以歸納如下：

白朮和黃耆出現的次數較多，它是丹溪的安胎聖藥。

補血養血以阿膠為主。

補氣脾以黨參、白朮、甘草為主。

補腎藥以川斷、杜仲、桑寄生、菟絲子為主。

其他常用的安胎藥有當歸、川芎、熟地、生地、太子參、茯苓、蓮子、砂仁、山藥、巴戟天、淫羊藿、鹿茸、枸杞、艾葉、黃芩、地榆、苧麻根。

藥膳

流產後的調理

藥材：杜仲三錢、山藥二錢、當歸二錢、川芎一錢五分、白芍藥二錢、生地一錢五分、黨參三錢、白朮二錢、茯苓二錢、甘草一錢。

食材：雞腿1隻。

調味料：鹽、米酒，適量。

作法：

1. 雞腿切塊、川燙、去血水，藥材用過濾袋包好。
2. 川燙後的雞腿，加上藥材包，放入鍋中，加入水約1000cc，用大火煮沸後，轉成小火，燉煮約30分鐘至雞腿熟，加上鹽、酒、調味料，即可食用。

功效：此道藥膳適合自然流產後的調理，組成為八珍湯，加上杜仲、山藥，有氣血雙補、滋養強壯身體，調補肝腎，適合流產後改善氣血虛弱的體質。

安胎

藥材：阿膠二錢、白朮二錢、桑寄生三錢。

食材：排骨100克。

調味料：鹽少許

作法：

1. 藥材用過濾袋裝好，排骨洗淨，剁成5公分的長塊，川燙後備用。

2. 藥材包以及川燙後的排骨，加清水約1000cc，放入鍋中，用大火煮沸後，轉小火，燉約半小時，加上鹽，調味即可食用。

功效：此道藥膳可幫助腎氣較虛弱的孕婦，改善腰酸、出血、食欲不佳的症狀，具有安胎、補腎的作用。

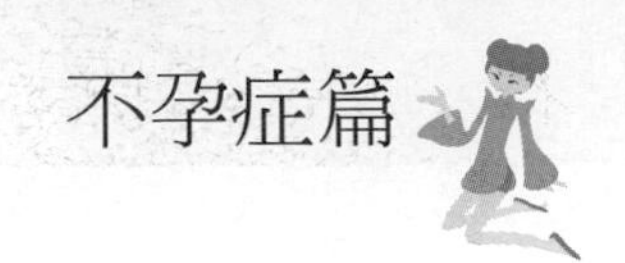

免疫性不孕

何謂免疫性的不孕？

凡是精子、卵子、受精卵、性激素，以及促性腺激素，都具有一定的抗炎性，因此導致免疫反應所造成的不孕，就稱為免疫性不孕。

所以它包括了精子的免疫以及卵子的免疫。所謂精子的免疫，就是太太的免疫系統攻擊先生的精子，這是屬於同種免疫；當先生的免疫系統攻擊自己的精子，或太太的免疫系統攻擊自己的卵子，以上這兩者就是屬於自體免疫。所以當血液循環，或者是體液中，抗精子抗體滴定度過高，超出了正常範圍，使精子產生了自身凝集，或者是活動力受限，自然就會導致所謂的免疫性不孕。

為什麼會發生免疫性不孕

第一、當太太的免疫系統對抗先生的精子時，在太太的血清中，或子宮頸黏液就可驗出抗精子抗體，所以在一般的性行為中，精子不會接觸到太太的免疫系統，但是如果在女性的月經期，或者是子宮內膜有發炎、性交或肛交時，精子便會通過發炎的生殖器官，曝露在女方的血液循環中，所以就引起了免疫反應，而產生了抗精子抗體。此外，當有子宮頸糜爛，或者子宮頸液中出現了抗精子抗體，因此精子便凝集在一塊，而阻礙了穿透子宮頸的黏液，所以就不能夠往上進入輸卵管，故而影響到精、卵的受孕、受精，而導致不孕。

還有，在一些不明原因的不孕婦女中，約有百分之八十左右，可在血清中找到精子凝集抗體，或者是精子制動抗體。

第二、當先生的免疫系統攻擊自己的精子時，在先生的血液當中便可以檢驗出抗精子抗體。在男性的血液循環當中，免疫系統若對精子不利，為了保護精子，在睪丸跟血液循環當中，會有一個屏障叫做血睪屏障，一旦這個屏障受到破壞，就會產生對精子不利的反應，所以如果先生有副睪丸炎、睪丸炎或精囊炎等，都會引起精子本身的自體免疫。

第三、當太太的免疫系統，攻擊自己的卵子，在太太的血液中，便可檢驗出了卵子抗體，這通常在許多不明原因的不孕婦女當中，會發現有此抗體，當此種抗體，卵子表面的透明帶起了反應之後，便會阻止精子穿透、附著卵子，而阻止受精。

如何診斷免疫性不孕

第一、從血清中，或子宮頸黏液，發現有抗精子抗體屬於陽性，或抗卵子透明帶抗體屬於陽性。

第二、性交後的試驗，在排卵期性交後，二到四個小時，檢驗子宮頸黏液中精子的數量、活動力，若有力的精子少於5000的話，或精子在原地打轉、顫抖、活動遲緩，甚至不活動。

中醫治療法則

腎陰虧損

病因病機：因為體質較為燥熱，或平時飲食嗜吃辛、辣、炸、烤的食物，而導致體內腎陰不足，腎精、精血虧損，而無法滋潤衝任，而導致陰虛火旺、血海過熱，而不能攝精成孕。

症　　狀：婚後不孕、月經不規則、經色紅、眩暈、煩燥、煩熱、身體低熱、下腹脹痛、舌紅、脈細。

治療法則：滋陰抑陽

治療方藥：知柏地黃丸

組　　成：熟地八兩、山茱萸四兩、茯苓三兩、山藥四兩、澤瀉三兩、牡丹皮三兩、知母三兩、黃柏三兩。

方　　解：熟地滋陰補血，山茱萸補肝腎，茯苓、山藥、澤瀉補虛健脾，牡丹皮活血涼血、知母、黃柏改善陰虛火旺，潮熱的症狀。

服　　法：蜜丸，每日三次，每次十顆。亦可作湯劑，但用量按原方比例酌減，早晚各服一次。

濕熱下焦

病因病機：由於濕熱、邪氣流注下焦，而侵犯到子宮、卵巢、腹盆腔，而引起慢性發炎，造成帶脈失約、衝任失調、終難受孕。

症　　狀：久婚不孕、白帶量多、色黃質稠、陰癢、有臭氣、舌苔黃膩、脈弦數。

治療原則：清利濕熱、抗免疫助孕

治療方劑：龍膽瀉肝湯（前已述）

脾腎不健挾瘀

病因病機：其腎氣運化失調、使得水氣的分布、代謝不好，而化為痰飲，阻礙了氣機，久則引起氣血的阻滯不暢、夾雜血瘀的現象。

症　　狀：婚久不孕、頭暈、腰酸、面色萎黃、舌淡、苔薄白、脈沉細弱、經行下腹漲痛、有血塊。

治療法則：補腎健脾、活血化瘀

治療方劑：自擬方

組　　成：菟絲子三錢、女貞子二錢、當歸二錢、丹參三

錢、黨參三錢、甘草一錢、白朮二錢、山藥三錢。

方　　解：菟絲子、女貞子補腎固精，養肝助孕，當歸、丹參活血養血，黨參、白朮補氣健脾，山藥補脾養胃，益腎填精。

服　　法：水煎，日二服。

生活守則

◎儘量避免在女性經期，或者有子宮內膜發炎、陰道原本有損傷時性交，也儘量避免肛交。男性避免長時間處於過度興奮，或者是手淫過度。

◎女性若有慢性的子宮頸炎、子宮內膜炎、腹盆腔炎，應積極治療，防止症狀加重。

◎如在生殖道有發炎時，應及早治療，如男性的睪丸炎、精囊炎或副睪丸炎，女性有子宮頸糜爛等。

◎若是太太免疫系統對先生的精子有抗體的時候，可使用隔絕療法，先使用保險套避孕三到六個月。可避免精子抗原對女方的進一步刺激，在抗體消失後，再選擇排卵期性交，一般皆可獲得受孕。

◎可搭配中藥來調理體質，治療免疫性的不孕，既可消除體內的AsAb，又可抑制體內產生新的AsAb，具有很好的療效，以及有較小副作用的優勢。

養生藥膳

免疫性不孕

藥材：生地一錢五分、知母二錢、牡丹皮二錢。

食材：鮮魚片50克、嫩薑絲適量。

調味料：鹽少許。

作法：

1. 將鮮魚切片、洗淨後備用，藥材用過濾包包好。
2. 連同食材一起放入鍋中，加入1000cc的水，用大火煮滾之後，燉約20分鐘，煮至魚肉熟，加上鹽調味，即可食用。

功效：牡丹皮具有活血、涼血的作用；知母，滋陰、降火；生地，補血、涼血，故可改善燥熱體質、體內腎陰不足、陰虛火旺，所致的免疫性不孕。

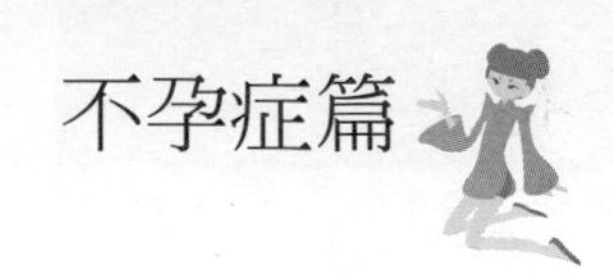

子宮外孕

子宮外孕是常常危及生育婦女健康常見的急性婦科。

定義：即是受精卵在子宮腔外的組織或器官種殖發育，即稱為子宮外孕。

通常好發的部位在輸卵管、卵巢、腹盆腔、子宮頸等，而在輸卵管發生子宮外孕為最常見的部位，以壺腹部最為多見，其他像在峽部以及傘部、間質部也皆有可能會發生。

子宮外孕的病因

◎輸卵管炎：

由於輸卵管內膜發炎，而導致沾黏，使得管腔狹窄，而導致輸卵管的纖毛受損，影響受精卵的正常運行。

◎輸卵管手術史：

曾經有做過輸卵管手術，引起輸卵管不甚通暢，因而影響受精卵的運行，導致子宮外孕的機率大增。

◎使用過子宮內避孕器：

避孕器可使子宮內膜，以及輸卵管發炎的機率升高，故容易導致子宮外孕。

◎其他婦科疾病：

因為子宮肌瘤、卵巢、腫瘤有壓迫、牽引輸卵管，使得輸卵管內的受精卵，運行受阻，子宮內膜異位症造成盆腔沾黏，或者是巧克力囊腫，進而影響到輸卵管蠕動功能，造成子宮外孕。

臨床症狀

可出現腹痛、停經、陰道不規則出血、頭暈、壺腹部有腫塊，鼠膝部抽痛、腰酸，嚴重者血壓下降，甚至休克，一側腹部有輕壓痛，或者是有腫塊、反彈痛。

檢驗

用超音波檢查，子宮雖然有增大，但是子宮腔內並沒有胚胎著床，血中HCG的含量，沒有按照正常升高，較為偏低。

再來，後穹隆穿刺，若是有腹痛，或懷疑有內出血時，所做的檢查。

西醫治療

子宮外孕的治療可分為期待治療、藥物治療，以及手術治療。

期待治療

指的是對子宮外孕不做任何的處理，若血中的HCG有下降的趨勢，或者是尿中HCG顯現弱陽性，或陰性，基礎體溫屬於低溫時，低於36.7度時，可試看看等待受精卵自然死亡、自體吸收。

藥物治療

若無明顯的腹痛，或者是活動性出血，血壓、脈搏正常，用超音波檢查顯示輸卵管妊娠腫塊，最大直徑不超過5mm，而抽血檢查皆正常者，可用藥物來破壞絨毛，或殺死、抑制滋養細胞，使得組織細胞壞死、脫落，讓自體完全吸收、溶解，此方法不破壞輸卵管的組織，又可保持通暢，避免因手術造成疤痕，或者是周圍組織的沾黏。

常用的藥物有：MTX

手術治療

可藉由腹腔鏡，將子宮外孕那邊的輸卵管做切除。

中醫治療

較保守性治療

待西醫藥物或手術治療後處理。西醫藥物治療後促進輸卵管通暢性及抗發炎。

治療法則：行氣活血，軟堅散結

基本處方：桃仁，赤芍，枳殼，丹參，木香，天花粉，皂角刺，當歸尾黃耆川芎

預防發炎：黃芩蒲公英銀花

消除沾黏腫塊：牡蠣夏枯草三陵莪朮穿山甲

瘀血內結者：蒲黃、沒藥、五靈脂。

生殖系統炎症

婦女生殖系統炎症不但會帶來生活上的不適，其病變更成為往後不孕的誘因，在診治上不可不慎。在急性期就要積急治療，以免轉變成慢性後遺症，容易纏綿不癒。

《醫宗金鑑·婦科心法》曾提到：「不孕之故傷任衝，不調帶下經漏崩，或因積血胞寒熱，痰飲脂膜病子宮。」就說明炎症對生育的影響。

常見之婦女生殖系統炎症

陰道炎（Vaginitis）

通常會出現陰道分泌物增加、搔癢等。常見的病原菌有陰道滴蟲、白色念珠菌及陰道的常生菌（bacterlalvaglnalls）。

陰道滴蟲（Trichomonavaginalis）

◆單細胞鞭毛蟲，厭氧，適合陰道環境。

◆約3～15%婦女陰道內有滴蟲，但多無症狀；若有症狀為搔癢以及黃綠色分泌物。

白色念珠菌（Vagninalcandidiasis）

◆85%鵝口瘡是由白色念珠菌所引起，白色念珠菌呈卵圓形，伺機性感染。

◆陰道若酸性變強會加速其繁殖。

◆通常會出現陰道及陰道口的瘙癢，分泌物增多。分泌物是黃白色的黏稠感。

細菌性陰道炎（bacterialvaginalis）

◆非特異性陰道炎，常見有陰道嗜血桿菌、葡萄球菌、鏈球菌、大腸桿菌、變形桿菌等。淋病陰道炎，並會引起盆腔發炎。

◆多發生在雌激素缺乏的更年期婦女。

◆出現陰道黏膜紅腫、下腹痛及化膿性分泌物。

◆尿道、Skene’s及Bartholin’s腺體的感染通常伴隨有淋菌性陰道炎。

◎細菌性陰道炎如淋球菌、披衣菌感染以及一些非特異性菌的感染。

黴漿菌（Mycoplasmaspecies）

◆黴漿菌也是陰道炎及子宮頸炎的病原菌，與某些自發性流產及骨盆腔發炎有關。

◆黴漿菌與婦女盆腔炎相關；因此與女性不孕症有關。

子宮頸炎（Cervicitis）

◎急性子宮頸炎：可由化膿性細菌直接感染子宮頸而來。也可續發於子宮內膜或陰道感染。

◎慢性子宮頸炎：多發生於經產婦女。常常是由急性子宮頸炎演變而來，但有些並無急性症的過程若自身抵抗力差即容易發生。

黏膜化膿性子宮頸炎（Mucopurulentcervicitis，MPC）

◆披衣菌及淋球菌與MPC、急性輸卵管炎有關。

◆披衣菌感染後約有30～35%患者會出現MPC，且MPC婦女可能會發生輸卵管炎及子宮內膜炎，造成不孕。

骨盆發炎疾病（pelvicinflammatorydisease，PID）

◎上生殖道的感染引起的發炎，以輸卵管炎（salpingitis）及子宮內膜炎（endometritis）最常見。

◎急性：生殖道上行感染。85%為自發性，多因性交傳染；15%為醫源性。

◎慢性：急性盆腔炎的長期後遺症：子宮內膜問題、輸卵管相關問題。

子宮內膜炎（Endometritis）

急性子宮內膜炎：最常見的致病菌是溶血性鏈球菌B群。

慢性子宮內膜炎：少見，多為急性子宮內膜炎轉來，會出現不正常出血、疼痛、分泌物多或不孕。

◎骨盆發炎疾病常見病原菌：

淋球菌感染（Gonococcalinfections）

◆對輸卵管黏膜破壞性最大，所以導致不孕。約有10～20%感染者會有急性輸卵管炎。

◆淋菌感染通常有陰道黃綠色分泌物增加、排尿困難為最常見的症狀。可能會往深層延伸而導致下腹痛、背痛以及性交痛。

◆大約20%的淋菌性子宮頸炎會上行性感染而導致急性子宮內膜炎，以及腹膜炎。

◆與披衣菌共同感染會增加盆腔炎的危險性。以輸卵管結疤導致不孕，增加子宮外孕的機會。

◆化膿菌：包括葡萄球菌、大腸桿菌、鏈球菌等。

披衣菌（Chlamydialtrachomatis）

◆大多無症狀。約8%會有急性輸卵管炎。與淋球菌同樣易造成輸卵管的結疤或阻塞。

◆披衣菌感染症狀比淋球菌來得少。有盆腔炎婦女的輸卵管或是子宮內膜，大約有50%可找到披衣菌。

◆披衣菌可經由較下面的生殖道管腔內上行感染而導致盆腔炎。

◆輸卵管由於披衣菌的感染而導致黏膜纖維受傷，甚至輸卵管結疤而導致不孕。

◆發生於子宮頸管口（cervicalos）。

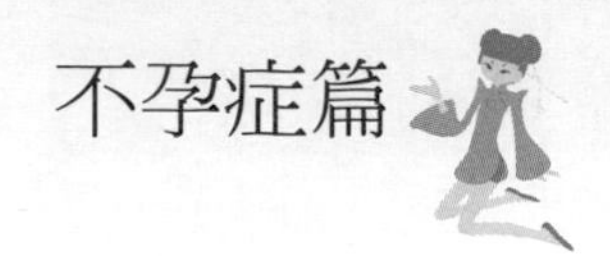

結核菌感染（Tuberculosis）

◆通常是從原發病處血行性轉移過來。

◆常見症狀有頻尿、排尿困難、血尿、腰痛，甚至有鈣化及尿道狹窄情形。

◆如果影響到輸卵管或是子宮內膜則會導致不孕。

生殖道的感染

感染方式

A.上行性感染

B.血行性感染

感染部位

A.陰道感染

B.子宮頸感染

C.骨盆腔感染

感染菌種

A.特異性感染

B.非特異感染

不孕症的子宮內膜變化

1. 內膜微小變化
2. 內膜沾黏
3. 內膜血管增多
4. 壞死
5. 彌漫性息肉病變
6. 其他

炎症引起輸卵管病變造成的不孕

◆輸卵管阻塞

◆腹膜或輸卵管旁的發炎

◆輸卵管水腫／膿腫

◆輸卵管——卵巢膿腫

輸卵管阻塞（Tubalocclusion）

◆與嚴重的輸卵管炎（salpingitis）有關，大都由盆腔炎所引起，導致不孕。

◆淋球菌：會引起輸卵管炎（endosalpingitis）而導致輸卵管阻塞或是輸卵管水腫（hydrosalpinx）及輸卵管——卵巢膿瘍（TOA）。

◆披衣菌：症狀不明顯，會破壞輸卵管，造成輸卵管發炎、阻塞、繖部（fimbria）的抓卵功能。

輸卵管——卵巢膿瘍（Tuboovarianabscess，TOA）

◆輸卵管炎約有34%會發生輸卵管——卵巢膿瘍。

炎症的病因與治療

婦女生殖系統炎症所導致不孕的病因病機

◎第一、邪熱壅盛：此為感染發炎期，當流產或經期、分娩過後，熱邪趁機侵犯；或者因為腹盆腔、陰部手術不當，消毒不好，或房事、個人清潔不佳，導致邪毒入侵，而侵犯到胞宮、衝任部位，或者是熱毒，進入血液、津液，而傳播到骨盆、生殖器官，導致氣血受阻，發生下腹疼痛。

◎第二、濕熱鬱結：因為濕熱內蘊，而流注下焦，導致氣行阻滯；或者是經期產後，受到濕熱之邪侵犯，而導致瘀阻衝任、胞脈血行不暢而發病。

◎第三、血瘀氣滯：因感邪毒或濕熱，或病後邪氣未除，而導致盆腔氣血瘀阻，因而產生疼痛；或因久坐、久站、負重，而導致氣血遲滯不暢，腹痛及腰骶；或因情志傷肝情緒不穩定，而累及氣血、衝任失調，感到小腹疼痛。

◎第四、脾虛濕瘀互結：因飲食勞倦傷脾，而導致脾虛運化失調，濕氣內生，流注於下焦，與瘀血互結，而導致濕瘀互結、損傷衝任而發病。

◎第五、腎陽虛：因勞傷腎精，而導致衝任虛損失衡；或房事過度、命門火衰、損傷腎陽，而導致衝任、胞脈虛寒而發病。

辨證與治療

在臨床上，還是要根據發炎所引起疼痛的性質、部位、程度、時間、有無白帶否，以及月經狀況、身體情形、舌質、舌色、脈象，乃辨別其所屬的熱毒、濕熱、或血瘀、或虛損。

在治療上，急性重症者，必須治療徹底，若未能治療徹底，會轉變成慢性，若慢性的發炎，便容易長年不孕，需要有耐心、恆心來治療。

邪熱壅盛型

臨床症狀：腹痛拒按、帶下量多色黃、或有臭味、少腹旁有壓痛、或有高燒、惡寒、頭痛、口乾、食慾差、小便短少、大便閉結、舌質紅、苔黃膩、脈洪數。

治療法則：以清熱解毒、活血止痛為主。

處　　方：五味消毒飲，大黃牡丹皮湯。

◎五味消毒飲

組　　成：銀花五錢、野菊花五錢、蒲公英五錢、紫花地丁五錢、紫背天葵二錢

方　　解：銀花可清熱解毒，消散膿腫；蒲公英、紫花地丁，有清熱消腫的效果，加上野菊花、紫背天葵，可增強清熱解毒、抗菌的功效。

◎大黃牡丹皮湯

組　　成：大黃四錢、牡丹皮三錢、桃仁三錢、冬瓜子五錢、芒硝三錢（沖服）。

方　　解：大黃可瀉熱、去瘀、通便；牡丹皮，清熱、涼血、兩藥合用更能加強去瘀熱的效果；芒硝，軟堅散結，可幫助大腸消除體內的實熱，桃仁活血，並幫助牡丹皮散瘀；冬瓜子，可清腸中的濕熱，達到排膿、散結的作用。

服　　法：水煎，日二服。

濕熱蘊結型

臨床症狀：少腹脹痛、或陰部下墜、有白帶、伴隨痛經，或經量增多，子宮附近增厚，或有硬塊、低熱、精神差、困倦、食慾差、大便溏、小便黃、舌苔黃膩、脈濡數。

治療法則：以清熱除濕、活血止痛為主。

處　　方：解毒活血湯加上薏苡仁、敗醬草。

組　　成：連翹四錢、柴胡四錢、枳殼三錢、當歸三錢、赤芍四錢、生地四錢、紅花三錢、桃仁四錢、甘草一錢、葛根四錢、敗醬草三錢。

方　　解：連翹跟柴胡，有解毒、去肝熱的功效；當歸、生地、赤芍、桃仁、紅花，活血、化瘀、滋陰、養血、枳殼可行氣，加上甘草，緩和諸藥，而達到抗菌、解熱、改善血液循環的功效。

服　　法：水煎服，日二次。

第三、血瘀氣滯型

症　　狀：少腹疼痛、經期或疲倦後更加加重，有時會刺痛、或見帶下異常、下腹有壓痛、下腹脹痛、食慾欠佳、煩燥易怒、苔薄黃、舌黯、脈弦。

治療法則：化瘀軟堅、理氣止痛。

處　　方：桂枝茯苓丸，加上活絡效靈丹。

桂枝茯苓丸

組　　成：桃仁三錢、牡丹皮三錢、桂枝三錢、芍藥三錢、茯苓三錢

方　　解：桃仁、牡丹皮，有破血、去瘀、散結的功效，加上桂枝，而達到溫通血脈，消瘀血熱的效果；芍藥，可減緩腹部的疼痛、去痙攣；茯苓，健脾去濕的功效，故此方可達到去瘀消癥的效果。

活絡效靈丹

組　　成：當歸五錢、丹參五錢、乳香三錢、沒藥三錢。

方　　解：當歸、丹參，活血、養血，乳香、沒藥具有止痛、去瘀、消腫的作用，故此方可活血去瘀軟堅止痛，對於氣血瘀滯，有改善的功效。

服　　法：研磨細末為丸，每次服用三錢，開水服下，或可做為湯劑，水煎，日二服。

腎陽虛

症　　狀：小腹經常性悶悶作痛，熱敷則減輕，或月經延後、量少，甚至閉經、不孕，少腹下墜感、體虛腰酸、脈沉、舌質淡。

治療法則：溫腎培元、養精滋血。

處　　方：自擬補腎丸。

組　　成：肉蓯蓉三錢、菟絲子三錢、覆盆子二錢、淫羊藿二錢、桑寄生三錢、當歸二錢、枸杞子三錢、熟地二錢、續斷三錢。

方　　解：肉蓯蓉、菟絲子補腎陰養胎，覆盆子、淫羊藿補腎陽顧胎，續斷、桑寄生補益肝腎安胎，當歸、枸杞子、熟地養血安胎。

服　　法：研磨細末為丸，每次服用三錢，開水服下，或可做為湯劑，水煎，日二服。

脾虛濕熱互結

症　　狀：下腹隱隱作痛、下墜感、腰尾椎酸痛、疲勞後更加重，帶下色白、質稀量多、神疲無力、納差、大便溏、舌尖有瘀點、苔白膩、脈弱。

治　　法：健脾化濕、活血化瘀。

方　　藥：完帶湯，加上赤芍、桃仁、牡丹皮。

組　　成：白朮一兩、山藥一兩、白芍五錢、人參兩錢、蒼朮三錢、車前子三錢、甘草一錢、陳皮一錢、荊芥穗一錢、柴胡一錢。

方　　解：白朮、蒼朮，可健脾燥濕，搭配黨參、山藥、炙甘草，而達到補氣健脾的輔助功效，加入車前子、陳皮，而達到利水行氣、去濕邪，幫助蒼朮、白朮，增強去除濕邪的作用，加上柔肝解鬱行氣的芍藥、柴胡、荊芥，而達到加強水濕的代謝。

赤芍、桃仁、牡丹皮活血涼血，促進發炎物質的代謝。

服　　法：水煎服，日二次。

養生保健

可配合局部熱敷，或穴位按摩保健。

熱敷

藥包組成：小茴香二錢、沒藥一錢、紅花二錢、當歸三錢、川芎二錢、赤芍二錢、艾葉三錢、延胡索二錢、銀花二錢、連翹二錢。

將以上諸藥搗碎，用過濾包包好，放入鍋中，加入2000cc的水煮沸，用大火煮沸十分鐘後，轉小火，煮約十分鐘，熄火，放溫，取出，用毛巾包

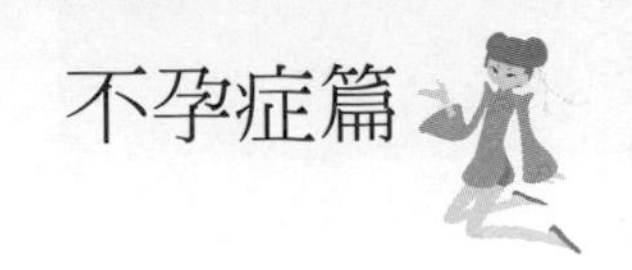

好，放於肚臍下三寸，熱敷，每星期2——3次，可熱敷三十分鐘。

按摩穴位

穴　　位：三陰交、太衝、足三里、陰陵泉、中極、歸來、公孫。

方　　式：每天可選用二至三個穴位做按摩，十分鐘至十五分鐘。

功　　效：穴位的熱敷及按摩是一種內病外治的方法，可將藥物經由皮膚吸收，而達到扶正固本、調整身體免疫機能、促進盆腔的血液循環及血流量，而這些熱敷的藥物都具有清熱解毒、去瘀活血、止痛的功效，再加上穴位的按摩理療，可以加速炎症、瘀血的吸收、軟化，以及沾黏組織的鬆解。

公　　孫：在第一趾關節後約一寸處，足大趾內側後方，

陰 陵 泉：脛骨內側，下緣凹陷處，與前面的脛骨粗隆下緣平齊。

太　　衝：在第一、第二趾關節的後方，在行間穴上一寸五分處。（行間穴，距指縫約五分處）

中　　極：在肚臍正中以下四寸的地方。

治療法則

慢性發炎的婦女，應該積極的徹底治療，加強衛生護理，注重營養均衡。本病的發生以小腹疼痛為主要的症狀，大多是由於邪毒或濕熱，經由陰部而侵犯到衝任、胞宮，或藉由血液、精液而傳播到衝任、胞宮。

還有因為體質虛損，或者是瘀滯而導致發病，所以在診斷和辨證上，應該要結合臨床表現等相關的檢查。

生活守則

◎減少婦女發炎的重要措施，所以要儘量地杜絕邪毒入侵。在做各種手術、婦科檢查的時候，要注重消毒乾淨，許多慢性發炎的病患，會經常長年不癒的腹痛，要持之有恆、耐心的治療，平常要多鍛煉體質、多運動，平時最好不吃生冷、烤、炸、辣、上火的食物。

◎在月經期，儘量注重個人衛生，以及月經後，按個人體質給予適當的藥膳調理，若患病時，應適當的休息，保持心情愉快及排便的順暢。若發病時，有發熱的現象，要多喝開水、多吃一些蔬菜、水果，清涼退火，更禁忌吃辛辣、油膩的食物。

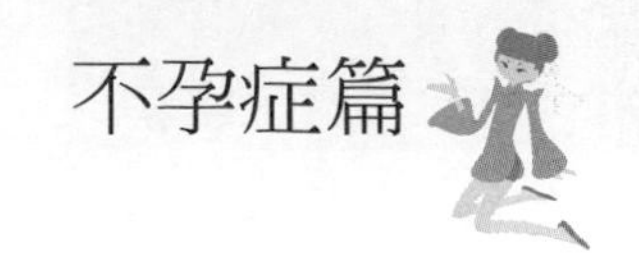

養生藥膳

生殖器炎症

藥材：蒲公英二錢、銀花二錢、赤芍二錢。

食材：絲瓜半條、白果10顆。

調味料：鹽、太白粉適量。

作法：

1. 藥材用過濾包包好備用，絲瓜去皮、切片
2. 藥材包連同切片的絲瓜放入鍋中，加入1000cc的水及白果，用大火煮沸後，轉小火，煮至絲瓜熟、爛，再加上太白粉、水勾芡，加鹽調味，即可食用。

功效：蒲公英有清熱、解毒的作用；銀花可消腫、抗菌，加上赤芍，清熱、活血、涼血，可加強去體內瘀熱的效果；絲瓜，性味甘涼，可增強清熱化痰、涼血解毒、通經絡血脈的作用，具有抵抗病毒的功效，故此道藥膳可針對生殖器容易發炎、經常有白帶，抵抗弱的體質。

月經失調

《黃帝內經．素問．上古天真論》

「女子七歲，腎氣盛，齒更髮長。

二七而天癸至，任脈通，太衝脈盛，月事以時下，故有子；

三七，腎氣平均，故眞牙生而長極；

四七，筋骨堅，髮長極，身體盛壯；

五七，陽陰脈衰，面始焦，髮始墮；

六七，三陽脈于上，面皆焦，髮始白；

七七，任脈虛，太衝脈衰少，天癸竭，

地道不通，故形壞而無子。」

月經若失調則難以受孕，故欲受孕首重調經，月經規則有正常排卵，便易受孕了。

中醫文獻論述

月經病是婦科臨床上最常見的症狀，在歷代中醫古籍當中，論述月經病，最早在〈素問．陰陽別論〉中，就提出心脾為病為導致閉經的機理跟機轉；在〈校注婦人良方〉中有調經門，可分為二十論；在〈景岳全書，婦人規〉指出，調經之要，貴在補脾

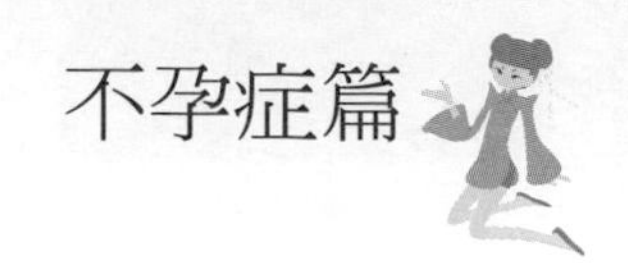

胃，以資血之源、養腎氣，以安血之室，知斯二者，則盡善矣。

通常月經病的發生，以及經期的狀況，跟患者的體質、致病因素、環境跟年齡，都有密切的相關，一般婦女在月經及經期後，由於衝任胞宮氣血，由經前的充盛至經期瀉溢，到經後的虛弱，氣血的變化較大，容易受到病邪的入侵、或者因為七情六淫、飲食不潔、過度的疲勞，加上體質以及臟腑功能的失常，而導致衝任損傷，最後腎氣以及天癸、衝任胞宮之間，失去了協調，便產生了月經病，所以患者體質的差異、病因不盡相同，所以在臨床的表現，又會有不同的症狀，所以這些症狀常常互相地夾雜，因此月經病的診斷，與各種疾病的概念和月經的經、量、色、質為主要的依據，結合兼症、舌脈等，以及體質、年齡、病情來辨病跟辨症。

◆傳統中醫〈腎氣——天癸——衝任——胞宮〉生殖軸跟西醫理論的〈丘腦——垂體——卵巢——子宮軸〉的論點是相同的

說明：

1. 腎：腎藏精，主生殖，為先天元氣之根本。
2. 天癸：屬陰精源於先天，由腎中之真陰所生化，具有促進生長、發育和生殖的作用。
3. 衝任：衝任二脈均起自胞中，衝為血海，任主胞胎。廣聚臟腑之血，下注於子宮，所以月經來潮。

（月經與內分泌）

月經週期，跟體內許多的神經，以及內分泌器官，在微妙的控制之下所產生。

這其中包括了大腦、下視丘、腦下垂體、卵巢、子宮內膜，形成一個〈軸線〉，各自分泌特定的荷爾蒙，互相協調、控制，而形成所謂的月經週期。

通常大腦會收集來自體內，以及週遭的種種訊息，包括壓力、身體狀況等等，而這些訊息，經過下視丘之後，會轉變成〈促性腺激素分泌荷爾蒙〉（GnRH），可以刺激腦下垂體分泌〈性腺激素〉，包括〈濾泡刺激素〉（FSH），與〈黃體刺激素〉（LH）。

這兩種激素可以調節卵巢功能，並促使排卵、分泌荷爾蒙雌激素（Estrogen），與黃體荷爾蒙（Progesterone），所以進一步在這些荷爾蒙的滋潤下，有利於胚胎在子宮內的著床，但從另一個角度來說，卵巢分泌的女性荷爾蒙，也可以反過來調節腦下垂體，以及下視丘荷爾蒙的分泌，這就是一種回饋的作用，因此，當精子與卵子沒有受精，子宮內膜在一定的時間就會剝落出血，形成了月經，當體內或外在環境，影響著〈軸線〉的某一個階段的時候，都會使月經產生異常與障礙。

生活守則

◎禁食生冷：痛經婦女宜避免食用生冷食物，尤其是小腹發脹、冷痛、虛寒的女性；對於涼、寒性食物如西瓜等瓜類水果、梨子、鳳梨、椰子水、楊桃汁、葡萄柚、哈密瓜、香瓜、橘子、椰子、甘蔗、柚子、梨子、楊桃、橘子、蕃茄、蓮霧、萵苣、綠豆、冬瓜、竹筍、豆腐〔石膏性寒〕、苦瓜、蘆筍、冬瓜、菜瓜、芹菜、蘿蔔、大白菜、小黃瓜、竹筍、水梨、空心菜筊白筍等，要盡量避免食用；過份辛辣的食物同樣不宜，如辣椒、羊肉、烤炸食物及酒。可多吃的食物，包括蘋果、櫻桃、葡萄、菠菜及蛋、動物肝臟、瘦豬肉、草莓、釋迦。

◎避免勞累、受寒：需養成規律的生活習慣以增強體質，天冷時則須防止受寒並注意保暖。

◎在月經期間應避免劇烈運動及過度勞累及性生活以免造成經血逆流。

◎維持心情愉快：放鬆心情，消除恐懼、焦慮的負面情緒及精神壓力。

月經先期

月經週期提前1——2週，連續兩個週期以上者，稱為「月經先期」。

《醫宗金鑑婦科心法》先期證治

「先期實熱物芩連，虛熱地骨皮飲丹，

血多膠艾熱芩朮，逐瘀桃紅紫塊黏，

血少淺淡虛不攝，當歸補血歸耆先，

虛甚參耆聖愈補，熱滯薑芩丹附延，

逐瘀芎歸佛手散，又名芎歸效若仙。」

芩連四物湯

組成：四物加黃芩、黃蓮。

功效：清熱瀉火，涼血化瘀。

地骨皮飲

組成：當歸、生地、白芍、川芎、牡丹皮、地骨皮。

滋陰養血，涼血化瘀。

膠艾四物湯

組成：四物加阿膠、艾葉。

溫經散寒，養血和血。

芩朮四物湯

組成：四物加黃芩、白朮。

血虛有熱，養血清熱。

桃紅四物湯

組成：四物加桃仁、紅花。

瘀血內阻，活血化瘀。

當歸補血湯

組成：當歸、黃耆。

氣血兩虛，治宜補氣生血。

聖愈湯

組成：四物加黃耆、黨參。

氣血嚴重不足，治宜大補氣血。

薑芩四物湯

組成：四物加薑黃、黃芩。

血滯熱鬱，治宜活血理氣，清熱涼血。

佛手散（芎歸湯）

組成：當歸、川芎。

攻逐瘀血之通用方。

病因病機

主要是氣虛和血熱，以血熱較多見。

血熱分實熱與虛熱

◎實熱：由於體質陽盛，過食辛辣上火的食物；肝氣鬱結化火。久則瘀血阻絡，氣血不調，久蘊成熱。

◎虛火：由於形體消瘦陰虛化熱，熱伏衝任，擾亂血海，血海不寧而下行，則經血早至。

氣虛有脾氣虛及腎氣虛之分

◎脾氣虛：飲食不均衡、疲勞倦怠、思慮過度損傷脾胃，脾虛失於統攝。

◎腎氣虛：可由先天體質不足，或多產房勞傷及腎氣，腎氣虛弱，衝任不固，則月經先行。

辨證論治

氣虛證

◎脾氣虛弱證

證候：身體虛弱或脾腎陽虛，月經週期不足21天，色淡質清稀，精神疲乏無力，大便溏，納差，舌淡紅，苔白膩，脈虛。

治則：補脾益氣調經。

方藥：補中益氣湯。

組成：黃耆七錢、黨參五錢、白朮三錢、甘草一錢、陳皮三錢、當歸四錢、升麻二錢、柴胡二錢。

方解：黨參、黃耆、白朮、甘草為此方的主藥，可大補中氣、健脾、和胃，搭配當歸、柴胡、升麻，可去肝膽濕熱，達到升提的效果，加入陳皮可和胃、去痰濕，故此方對於氣虛而導致發熱者，均可獲得療效。

服法：可水煎服，早晚各一次，或做成蜜丸服用。

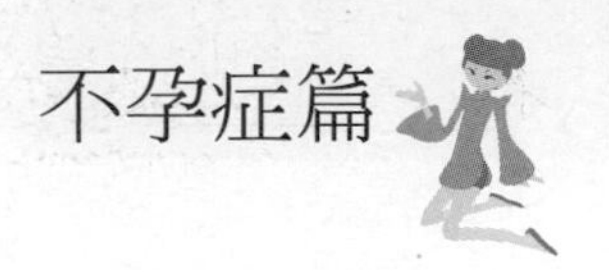

◎腎氣虛弱證

證候：月經提前7天以上，量多色淡質稀，腰酸怕冷，身體疲乏無力，手足不溫，小便清長，頻數，舌淡暗，苔薄白，脈沉細而弱。

治則：補腎益氣調經。

方藥：自擬方。

組成：人參二錢、熟地二錢、山藥三錢、山茱萸二錢、炙甘草一錢、五味子一錢、菟絲子三錢、巴戟天二錢。

方解：人參補益中氣，山藥、山茱萸補腎益精，加上菟絲子、巴戟天增強補腎內分泌機能，改善月經不調，炙甘草滋補調和諸藥。

服法：水煎，日二服。

血熱證

◎肝經鬱熱證

證候：精神抑鬱，經期提前，量多有血塊，心煩易怒，口苦口乾，舌暗紅，苔薄黃，脈弦數。

治則：疏肝解鬱，清熱調經。

方藥：丹梔逍遙散。

組成：即逍遙散（前已述）加上丹皮三錢、梔子三錢。

方解：丹皮可活血、涼血；梔子可清下焦熱，加上這兩味藥，可改善肝鬱、血虛、潮熱、發熱、口乾、月經不調等症狀。

服法：將組成研磨成粗末，每次服用大約一錢，如做成丸劑，每次二到三錢，一日三次，若做成湯劑，可按原方的比例，酌減。

◎陽盛血熱證

證候：體質偏陽氣盛；或過食辛辣上火之品；月經提前，色深紅量多質稠，煩熱口渴，舌質紅，脈滑數。

治則：清熱瀉火，涼血調經。

方藥：清經散。

組成：丹皮三錢、地骨皮五錢、白芍三錢、熟地三錢、青蒿二錢、白茯苓一錢、黃柏五分。

方解：熟地、芍藥，滋陰補血；茯苓，健脾補氣；地骨皮、丹皮、青蒿、黃柏，清熱、活血、涼血，而達到清熱調經的功效。

服法：將組成研磨成粗末，每次服用大約一錢，每日服用三次。

◎陰虛血熱證

證候：體質陰虛上火，或久病或多產病史，月經提前量少色紅，手心煩熱，舌瘦色紅，少苔，脈細數。

治則：養陰清熱調經。

方藥：兩地煎。

組成：生地一兩，元參一兩，白芍藥五錢，麥門冬五錢，地

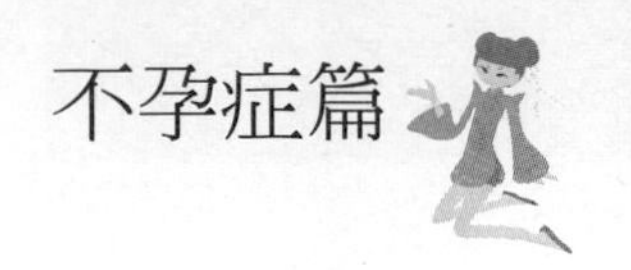

骨皮三錢，阿膠三錢

方解：生地、白芍藥滋陰補血，麥門冬、元參養陰潤肺、清熱除煩、益胃生津，地骨皮清虛熱，清肺降火，涼血。阿膠補血養陰。

服法：水煎，日二服。

養生藥膳

虛症

藥材：黨參3錢、白朮2錢、柴胡1.5錢。

食材：烏骨雞腿1隻。

調味料：米酒、鹽少許。

作法：

1. 藥材用過濾袋包好，備用，烏骨雞洗淨、切塊，放入熱水中，川燙後撈起備用。
2. 全部藥材放入燉鍋中，加入中藥包及水，淹蓋過材料，用大火燉煮約40分鐘倒出，放入鹽、少許酒調味即可食用。

功效：黨參，補氣，可改善虛性、容易疲倦的體質；白朮，健脾補氣；柴胡，疏肝調經，故此道藥膳可針對月經提前，屬於肝鬱氣虛體質的人食用。烏骨雞肉質鮮美，是女性進補調經常用的食材，調補肝腎、此道藥膳針對月經失調的人食用是有助益的。

熱症

藥材：牡丹皮2錢、槴子1.5錢、黃芩3錢。

食材:田雞80克、芹菜40克。

調味料：鹽少許。

煮法：

1. 藥材用過濾包包好備用，田雞洗淨、切塊，放入滾水中川燙、撈出，
2. 芹菜去皮，洗淨、切塊，將食材與藥材包放入燉鍋中，加水至8分滿，用大火燉煮約40分鐘，取出、倒出，加入鹽，即可食用。

功效：田雞可清熱解毒；芹菜具有解肝熱的作用；牡丹皮，活血、涼血，槴子清肝熱；黃芩，清熱除煩。故此道藥膳可針對月經提前，屬於熱症體質的人，達到清熱、調經、瀉火的作用。

月經後期

月經週期每月延後七天以上，甚至四、五十天才來，連續兩個週期以上者，稱為「月經後期」或「經遲」。

《醫宗金鑑．婦科心法》過期證治

「過期血滯物桃紅，附莪桂草木香通，

血虛期過無脹熱，雙和聖愈及養榮。」

1.血滯：

過期飲（四物湯加香附、桃仁、紅花、莪朮、木通、甘草、肉桂、木香）。

2.血虛：

雙和飲（四物湯加黃耆、肉桂、炙甘草、生薑、大棗）；

聖愈湯（四物湯加人參、黃耆）；

人參養榮湯（人參、當歸、熟地、芍藥、白朮、茯苓、黃耆、桂枝、陳皮、五味子、遠志、甘草、生薑、大棗。）

病因病機

虛：經血不足，血海空虛，腎氣虛弱，無精化血。

實：氣血運行不暢，經脈阻塞澀滯，衝任受阻，經血不至。

辨證論治

腎虛血少證

證候：經期延後，量少色淡，經質清稀，腰膝酸軟，頭暈耳鳴，帶下水樣，心悸失眠，面色晦暗，舌質淡暗苔薄白，脈沉細無力。

治則：補腎養血調經。

方藥：自擬方。

組成：山藥三錢、巴戟天三錢、茯苓二錢、當歸二錢、枸杞三錢、杜仲三錢、菟絲子三錢、川芎二錢、白芍二錢、生地二錢。

方解：山藥、茯苓健脾補腎，巴戟天、菟絲子、杜仲滋補腎陰強筋壯骨，當歸、川芎、白芍、生地補養肝血。

服法：水煎服，早晚各一次。

血虛寒證

◎虛寒證

證候：經來後期量少，色淡質稀，少腹冷痛，熱敷後較舒服，腰酸無力，小便清長，面色恍白，舌質淡，薄白苔，脈沉遲無力。

治則：溫經驅寒，養血調經。

方藥：大營煎。

組成：當歸二錢，熟地三錢，枸杞二錢，炙甘草一錢，杜仲二錢，牛膝一錢半，肉桂一錢。.

方解：當歸、熟地養血補血，枸杞滋補肝腎，杜仲、牛膝強壯腰膝，肉桂溫補腎腸。

服法：水煎服，早晚各一次。

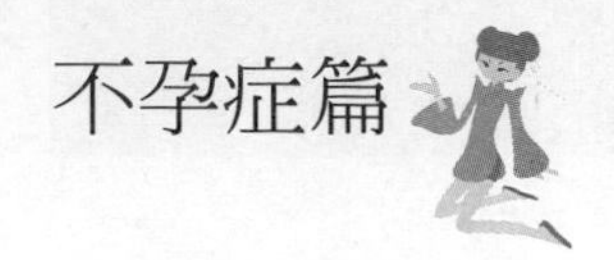

◎寒實證

證候：月經週期延後，量少，色暗有血塊，少腹冷痛拒按，得熱痛減，畏寒肢冷，面色恍白，舌質淡暗，苔薄白，脈沉緊。

治則：溫經散寒，活血調經。

方藥：溫經湯（前已述）

◎氣滯血瘀證

證候：經期延後，經量偏少，經色暗紅，少腹脹痛，血塊排出脹痛減緩，精神抑鬱，煩悶不舒，舌尖有瘀點苔正常，脈弦。

治則：理氣活血調經。

方藥：血府逐瘀湯。（前已述）

◎痰濕證

證候：體胖多毛有青春痘，月經延後，量少色淡，質黏稠，帶下量多，舌淡胖，有齒痕，苔白膩，脈滑。

治則：燥濕化痰調經。

方藥：蒼附導痰湯。（前已述）

養生藥膳

藥材：益母草3錢、紅花1.5錢、菟絲子3錢。

食材：鮭魚3兩、干貝2顆、蝦仁1兩、紫山藥2兩。

作法：

1. 藥材用過濾包包好備用，鮭魚洗淨切塊、甘貝洗淨，蝦仁，去腸沙、洗淨，紫山藥去皮、洗淨、切塊，
2. 全部食材放入鍋中，加入中藥包及少許的米酒，加水至8分滿，用大火燉約40分鐘，倒出，加鹽拌均，即可食用。

功效：益母草、紅花具有活血、通經的功效，可改善月經週期延後、量少、有血塊；菟絲子，補腎滋陰，可改善腎虛型的內分泌機能低落，達到補腎、調經的作用；鮭魚可促進血液循環；干貝可滋養肝腎；蝦仁可提高腎氣的機能，強壯體質；紫山藥可補腎、幫助消化，故此道藥膳可改善肝腎不足，月經量少、延後的體質。

藥材：陳皮2錢、香附2錢、丹參3錢。

食材：牛腩5兩，甘蔗1節。

煮法：

1. 藥材用過濾包包好備用，牛腩肉洗淨後，放入滾水中川燙，撈起、沖淨

2. 甘蔗洗淨，切成小段，將食材放入鍋中，加上藥材包，加水至8分滿，至鍋中，燉約30分鐘，倒出，加入鹽拌均，即可食用。

功效：陳皮，化痰去濕；香附，理氣止痛；丹參，活血功同四物，故此道可改善痰濕重而有氣滯血瘀型所引起的月經延後；牛腩含有豐富的蛋白質、膠質，有益於女性調經服用；甘蔗含有豐富的維生素B、蔗糖以及胺基酸，具有生津化痰的效果，故此道藥膳具有燥濕、理氣、活血調經的功效。

崩漏

崩漏是指經血淋瀝不斷。

◆崩，又稱為崩中或經崩；漏，又稱為漏下或經漏。

《醫宗金鑑婦科心法》崩漏總括

「淋瀝不斷名爲漏，忽然大下謂之崩，

紫黑塊痛多屬熱，日久行多損任衝，

脾虛不攝中氣陷，暴怒傷肝血妄行，

臨證審因須細辨，虛補瘀消熱用清。」

《醫宗金鑑．婦科心法》崩漏證治

「崩漏血多物膠艾，熱多知柏少芩荊，

漏澀香附桃紅破，崩初脹痛琥珀攻，
日久氣血衝任損，八珍大補養榮寧，
思慮傷脾歸脾治，傷肝逍遙香附青。
氣陷補中益氣舉，保元升柴歸朮陳，
益胃升陽加芩麴，腹痛加芍嗽減參。」

證候論治

崩漏的證候，有虛、有實，虛者多因脾虛、腎虛，實者多因血熱、血瘀。

辨證主要依據其出血時間，血量、血色、血質，及兼證、脈象、舌質，審證求因，辨其虛實屬性。

病因病機

崩漏的發病是腎——天癸——衝任——胞宮生殖軸嚴重失調，主要發病機制是衝任虛損，不能制約經血，使月經淋漓不斷。

導致崩漏的常見病因，有脾虛、腎虛、血熱和血瘀。

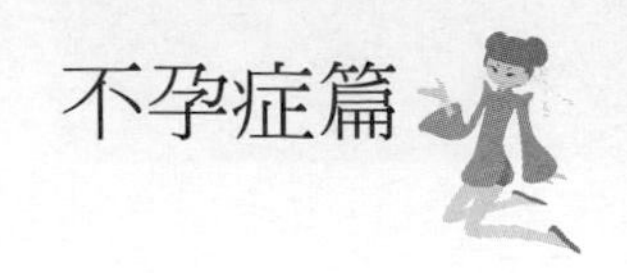

治則

◆《沉氏女科輯要》「崩宜理氣，降火升提。」

◆《傅青主女科》「止崩之藥，不可獨用，必須於補陰之中，行止崩之法。」

◆《丹溪心法附餘》之歸納總結：

1. 塞流：初用止血，以塞其流。
2. 澄源：中用清熱涼血，以澄其源。
3. 復舊：末用補血，以還其舊。

辨證論治

血熱證

◎陰虛內熱證

證候：經血非時而下，暴下不止或淋瀝不淨，血色鮮紅而質稠，心煩潮熱，小便黃，或大便結燥、舌紅、苔燥黃，脈細數。

治則：滋陰清熱，止血調經。

方劑：知柏地黃丸（前已述）加仙鶴草、黃芩、黑地榆。

組成：熟地黃八兩、山茱萸四兩、山藥四兩、澤瀉三兩、牡丹皮三兩、茯苓三兩、仙鶴草三兩、黃芩二兩、黑地榆三兩方解：仙鶴草，黑地榆收斂止血，黃芩清熱除煩。加上此三藥增強清熱止血的作用。

服法：煉蜜為丸，每日三次，每次十丸，用淡鹽水服用。

◎實熱證

證候：經血突然大下，或淋瀝日久不淨。忽多忽少，色深紅質黏稠，夾有少量血塊，或有少腹疼痛，面赤煩躁易怒，口乾喜飲，便祕尿黃，舌紅苔黃，脈滑數。

治則：清熱涼血，止血調經。

方劑：自擬方

組成：黃芩三錢、黑梔子二錢、生地二錢、地骨皮二錢、黑地榆二錢、阿膠二錢、生藕節二錢、炙龜板二錢、牡蠣二錢、生甘草一錢。

方解：方中黃芩、地骨皮、生地、阿膠清熱涼血益陰；炙龜板、牡蠣育陰潛陽，固沖止血；焦梔子、地榆清熱涼血止血；藕節澀血止血；甘草調和諸葯。

服法：水煎煮，日二服。

脾虛證

證候：憂思過度，經血非時淋瀝不盡，血色淡而質稀，神情疲倦，面色萎黃，動則氣喘不起來，頭暈心悸，納差便溏，舌淡胖或邊有齒印，苔薄白，脈細弱。

治則：補脾益氣，止血調經。

方劑：歸脾湯

白朮三錢、黃耆六錢、茯神四錢、黨參四錢、炙甘草兩錢、木香一錢、遠志三錢、棗仁五錢、龍眼肉五錢、當歸四錢、生薑三片、紅棗三枚。

方解：黨參、白朮、黃耆可補氣、健脾、益氣，增強心血，搭配茯神、遠志、棗仁、龍眼肉，可補養心神、安神定志，加上當歸為輔，可增強養血、疏肝的作用；木香可理氣健脾，使此方補氣血而不滋膩；方中的蜜炙甘草，除了健脾胃之外，又有調和諸藥的作用，因此，這個組成共同達到補養心血、益氣、安神的作用。

用法：可水煎服，一日二次，或者做成蜜丸，每次服用三錢。

腎虛證

◎腎陽虛證

證候：經亂無期，出血量多或淋瀝不斷，血色時紅時淡紅，質稀，精神不振，面色灰黯，形寒肢冷，腰膝痠軟，小便清長，夜尿多，黑眼眶，舌淡黯，苔白膩，脈沉細無力。

治則：溫腎固衝，止血調經。

方劑：濟生腎氣丸

組成：附子一兩、桂枝一兩、熟地八兩、山藥四兩、山茱萸四兩、丹皮三兩、茯苓三兩、澤瀉三兩、懷牛膝五錢、車前子五錢。

方解此為六味地黃丸，加上肉桂、附子、車前子，以及懷牛膝。

熟地，滋陰養血；山藥，補脾、固精；山茱萸，溫養肝腎；澤瀉，瀉腎火，以防熟地的滋膩；茯苓，健脾利濕；牡丹皮，活血瀉肝火；車前子，利水明目，使多餘的水分從小便出來；懷牛膝，補肝腎、強筋骨。

服法：共為末，煉蜜為丸。日服二次，每次十粒。

◎腎陰虛證

證候：經亂無期，淋瀝不斷或量多，或停經數月又暴下不止，經色鮮紅，質稍稠，頭暈耳鳴，腰膝痠軟，五心煩熱，夜寐不寧，舌紅或有裂紋，苔少或無苔，脈細數。

治則：滋補肝腎，止血調經。

方劑：左歸丸。

組成：熟地黃一兩、山茱萸三錢、枸杞子五錢、鹿角膠三錢、菟絲子五錢、山藥五錢、龜板膠三錢、牛膝四錢。

方解：熟地，滋陰補血；棗肉，滋補腎陰攝精；山藥，滋腎補脾；枸杞子，滋補肝腎而明目；龜板、鹿角膠，為血肉有情之品，可大補精髓，龜板較偏於補腎陰，

鹿角膠較偏於補腎陽；菟絲子、牛膝，強筋骨、顧腰膝、補肝腎。

服法：蜜丸，每日三次，每次十顆。亦可作湯劑，但用量按原方比例酌減，早晚各服一次。

血瘀證

證候：經血淋瀝不淨，時下時止，或閉經日久又突然暴下，而後淋瀝不斷，色紫黯有血塊，小腹疼痛拒按，血塊排出痛減，舌有瘀點，脈沉澀。

治則：活血化瘀，調經止血。

方劑：失笑散加味。

組成：蒲黃三錢、五靈脂二錢、當歸二錢、川芎二錢、仙鶴草二錢、海螵蛸二錢。

方解：蒲黃、五靈脂活血祛瘀，散結止痛，當歸、川芎補血活血化瘀，仙鶴草、海螵蛸收澀止血。

服法：將組成研磨成粗末，每次服用大約一錢

養生藥膳

虛症體質

藥材：黃耆五錢、白朮三錢、紅棗5顆。

作法：用600cc的水，煮沸後，轉成小火，煮約5分鐘，放

溫，即可飲用。

功效：此道藥膳，黃耆、白朮、可補氣健脾，益氣的功效，可改善因為脾氣虛弱所引起的月經淋漓，故此道藥膳具有補脾益氣、調經的作用。

熱症體質

藥材：仙鶴草二錢、黑地蝓三錢、黃柏二錢。

食材：楊桃半顆、牛蕃茄半顆。

調味料：鹽少許。

作法：

1. 藥材用過濾包包好備用，楊桃去頭尾，修皮，洗淨切片，牛蕃茄去蒂切塊
2. 所有食材，放入鍋中，加入藥材包，加水至7分滿，用大鍋燉煮約20分鐘，倒出加鹽拌均，即可食用。

功效：仙鶴草、黑地榆具有收斂、止血、活血、涼血的作用；黃柏，清熱、可增加涼血、止血調經的功效；楊桃清熱、止渴，可改善體內的虛熱；牛蕃茄清熱、生津，有涼血的作用，故此道藥膳可改善血熱型的月經淋瀝體質。

經間期出血

概述

經間期出血是指月經週期基本正常，但在兩次月經之間，接近排卵時，出現週期性的少量子宮出血，又名排卵期出血。

經間期出血，多發生在月經週期的第12～16天，因其從不發生於無排卵型月經週期，因而認為本證發生與排卵有關。排卵期促黃體生成素（LH）達到高峰，促卵泡成熟激素（FSH）分泌量也增多，排卵後雌激素水平下降，可能因為雌激素波動而引起子宮內膜表層突破性出血。

病因病機

《證治準繩．女科》「天地之物，必有絪緼之時，萬物化生，…凡婦人一月經行一度，必有一日絪緼之候，於一時辰間，氣蒸而熱，昏而悶，有欲交接而不可忍之狀，此的候也……順而施之，則胎成矣。」即提示了絪緼期「氣蒸而熱」這種陽氣內動的生理演變，若素體陰虛、脾虛或肝鬱化火蘊滯於內，正值經間期時，使得陰陽轉化不協調而至衝任失調，便可發生本症。

臨床表現

子宮出血

子宮出血有規律性地發生在排卵期，量少，持續時間短，一般歷時數小時或2～3天，常不超過7天，通常能自行停止。

腹痛

部分患者可伴有一側少腹輕微疼痛或抽痛，一般持續幾小時。

帶下

於出血之時可伴量較多色白透明如蛋清樣的白帶挾雜血絲。

基礎體溫設定

出血發生在低溫、高溫交接時。

治療原則

以調理衝任、攝血止血為大法，並採取分期調治：經間期出血時，宜標本同治，在辨因論治的基礎上酌加固衝止血之品；平時當求因治本，選用滋陰、舒肝、清熱、止血、補氣之方藥隨證治之。

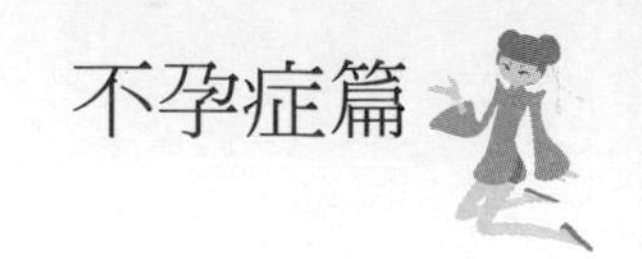

辨證論治

陰虛內熱證

證候：經間期出血，量少，色鮮紅，質黏稠，顴紅潮熱，咽乾口燥，頭暈耳鳴，腰腿酸軟，手足心熱，失眠多夢，大便乾澀，小便黃，舌紅，苔少，脈細數。

治則：滋陰清熱，調衝止血。

方劑：兩地煎。（前已述）

肝鬱化火證

證候：經間期出血，量或多或少，色紅黏稠，或有小血塊，心煩易怒，乳房脇肋少腹脹痛、或口苦、口乾，舌紅，苔薄黃，脈弦數。

治則：疏肝解鬱，降火調經。

方劑：丹梔逍遙散（前已述）加茜草根二錢、海螵蛸三錢

組成：柴胡、當歸、白芍、白朮、茯苓各一兩，炙甘草五錢，丹皮三錢、梔子三錢，生薑三錢、薄荷一錢、茜草根二錢、海螵蛸三錢。

方解：茜草根涼血止血，祛瘀通經，海螵蛸收斂止血，固精止帶。

服法：將組成研磨成粗末，每次服用大約一錢，一日三次

濕熱證

證候：經間期出血，時多時少，血色深紅，質黏膩，帶下量多色黃質黏稠，有臭味，陰癢，心煩口渴，口苦咽乾，胸悶煩燥，舌紅苔黃膩，脈滑數。

治則：清利濕熱，調衝止血。

方藥：自擬方。

組成：白芍一兩、當歸一兩、生地五錢、阿膠三錢、粉丹皮三錢、黃柏二錢、香附一錢、紅棗十個。

方解：白芍、當歸、生地補養肝血，阿膠滋陰養血，牡丹皮活血涼血去瘀，黃柏清熱燥濕，瀉火解毒，退虛熱，香附理氣解鬱。

服法：水煎，日二服。

脾虛證

證候：經間期出血，量少，色淡，質稀，神疲體倦，氣短懶言，大便溏薄，色淡，苔薄白，脈緩弱。

治則：健脾益氣，固衝攝血。

方藥：歸脾湯（前已述）加艾葉、牡蠣。

組成：白朮三錢、黃耆六錢、茯神四錢、黨參四錢、炙甘草兩錢、木香一錢、遠志三錢、棗仁五錢、龍眼肉五錢、當歸四錢、生薑三片、紅棗三枚、黑艾葉二錢、牡蠣二錢。

方解：黑艾葉溫經止血散寒，牡蠣收斂固澀止血。

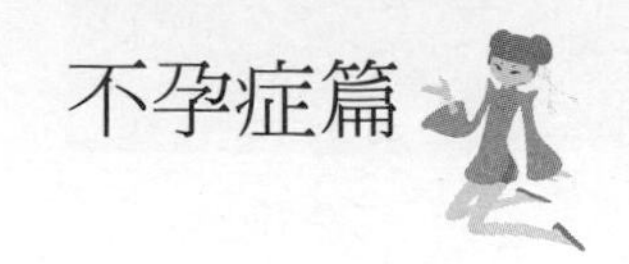

服法：水煎，日二服。

養生藥膳

虛症

藥材：艾葉二錢、炙甘草一錢。

食材：海蝦3隻、青蚵3兩、生薑片3片。

調味料:鹽少許

作法：

將藥材用過濾袋包好備用，海蝦去長鬚、泥沙洗淨，青蚵洗淨、瀝乾水份，將海蝦、生薑片及青蚵放入鍋中及中藥包，加水約1000cc，用大火燉煮約20分鐘，倒出加入鹽，拌均，即可飲用。

功效：艾葉，具有溫經、止血、溫通十二經絡、散寒的功效；炙甘草，補中益氣、健脾；海蝦，可補腎氣、促進體內的荷爾蒙；青蚵含有豐富的DNA、礦物質，可增強腎機能，故此道藥膳針對經間期出血，量少、色淡、容易疲乏體質的人食用。

熱症

藥材：生白芍三錢、茜草根二錢、藕節二錢。

食材：鮮百合1粒、甜金桔6顆。

作法：將藥材用過濾袋包好，百合洗淨、剝片，金桔切對半，將食材放入鍋中，加入藥材包及水800cc，煮沸，轉小火，煮約10分鐘，放入冰糖拌均，即可飲用。

功效：生白芍柔肝養血，茜草根、藕節具有滋陰、清熱、止血、去瘀、調經的功效。百合清肺熱；金桔含有天然的果酸，可改善體內的虛熱。故此道甜湯，可改善虛熱型的經間期出血。

懷孕篇

妊娠惡阻

懷孕時，出現噁心、嘔吐、頭暈、食慾不佳，甚至吃不下東西，就吐出來在中醫稱為惡阻。

〈千金要方〉中提到惡阻病，〈經效產寶〉稱子病，〈坤元是保〉稱病食，通常妊娠惡阻多發生在懷孕六到十二週左右。

妊娠嘔吐是懷孕的症兆，通常這是懷孕開始的一個警訊，早上起來會感到一陣的噁心，有時候可能在一天當中，特別是疲倦、飢餓，或者是久睡後，最容易發生。

通常在懷孕前三個月，比較嚴重，然後會逐漸地減退。

中醫病因病機

其發病機理，在傳統中醫認為是衝脈之氣上逆，使得胃失和降，也就是說在懷孕早期，月經停止，而衝任的氣血無法外洩，必須聚集在胞宮養胎，而導致衝氣偏盛，而上逆犯胃，這是妊娠體質特殊的改變，所以妊娠惡阻的發生關鍵取決於孕婦的體質，以及臟腑因素功能的失調。

西醫病因病機

認為跟體內的激素和精神狀況的失調有關，當體內HCG水平升高，會產生嘔吐，當HCG濃度下降，嘔吐便隨之緩解，所以認為本病與HCG的濃度有密切的關係。

中醫辨證論治

脾胃虛弱型

病因病機：在懷孕之後，因為經血不得宣洩，而導致衝任之脈氣盛而上逆，或者是脾胃虛弱，懷孕之後，疲勞傷胃，而導致胃失和降，而引發惡阻。

臨床症狀：妊娠早期，噁心嘔吐、口淡、頭暈、食慾不好、神疲倦怠、嗜睡、舌淡、苔薄白、脈易滑而無力。

治療原則：健脾、和胃、止嘔。

方　　藥：香砂六君子湯。

組　　成：人參三錢、白朮三錢、茯苓三錢、甘草一錢、木香三錢、砂仁一錢、陳皮三錢、法半夏二錢、生薑三片、大棗五枚。

方　　解：人參，可健脾益氣；白朮，健脾利濕；茯苓，滲濕利脾；甘草，有和中益氣的效果；半夏，可理氣、去痰；陳皮，可行氣、健脾、化痰濕的作用；木香，止痛、行氣；砂仁，可行氣、醒脾、和胃的功效。

服　　法：水煎服，日二服。

肝胃不和型

病因病機：懷孕後，陰血俱下而養胎，導致陰血不足，肝血失養，致肝氣偏旺損傷脾胃，導致嘔吐。

臨床症狀：懷孕早期，噁心嘔吐，食入則吐、口乾、口苦、頭暈、脅肋脹痛、心煩、小便黃、大便不暢、唇紅、苔黃膩、脈滑。

治療原則：調肝、養胃、止嘔。

方　　藥：自擬方。

組　　成：白茯苓二錢、橘皮二錢、竹茹二錢、半夏一點五錢、麥冬三錢、西洋參二錢、炙甘草一錢、生薑片三片。

方　　解：白茯苓健脾利水補中，橘皮、竹茹、半夏理氣健脾、化痰止嘔，麥冬養陰清熱，西洋參補氣健脾，炙甘草、生薑片緩和藥性調補溫胃。

服　　法：水煎服，日二服。

預防與護理

第一、心情要保持愉快，避免精神上的刺激。

第二、飲食方面要節制，以清淡、喜歡吃的食物為主，尤其懷孕的早期不要一味地的追求營養，吃了過多、油膩、滋補的食品，反而會使嘔吐加劇。

第三、以少量多餐的方式，可多吃一些粥品，來養胃氣，或加上少許的紫蘇和胃，飲食上多食用一些如全麥麵包、馬鈴薯、米飯、穀物等碳水化合物的食物，亦可減緩妊娠嘔吐。

第四、生薑調服。生薑不寒不熱，為止嘔的聖藥，在許多的湯品或粥品、食物當中，可加上少許的生薑，亦有減緩早期妊娠嘔吐的現象。

第五、較嚴重的妊娠孕吐，會使體內的水分失去，以及礦物質的平衡失調，而導致低血壓，若是嘔吐真的非常嚴重的話，最好能夠住院打點滴，以補充流失的水分以及電解質，以免造成對胎兒不良的影響。

妊娠便祕

一直是懷孕期，令很多孕婦非常困擾的事，由於在懷孕初期，飲食不足、運動量減少或缺乏纖維質，以及黃體激素使得腸道壁的肌肉放鬆收縮的次數減緩，因而影響到食物的消化，而造成水分被過度的吸收，因此大部分的懷孕婦女會有便祕的現象，在中醫稱為妊娠大便難。因為子宮撐大，而使得小腸移位，而導致子宮壓迫直腸所致。補充鐵劑，亦會引起便祕。

中醫病因病機

傳統醫學認為造成妊娠大便難的原因有虛有實，虛為孕婦血虛陰虧，或者是氣虛運化失調，實則大腸燥熱，而導致津液熱灼所致。

中醫辨證論治

血虛津虧型

病因病機：由於懷孕婦女，本身是屬於血虛的體質，因此在懷孕後，陰血必須養胎，而造成陰血更為不足，導致津液乾枯，無水行舟，腸道乾澀，故大便閉結不暢。

症　　狀：懷孕期，大便閉結、多日不解、臉色蒼白、頭暈、心悸、口乾、心煩，或懷孕前就有習慣性便祕，使得在懷孕後會更加嚴重，舌淡、少苔、脈細滑。

治療原則：養血滋陰、潤腸通便。

方　　藥：四物湯加減。

組　　成：當歸二錢、川芎二錢、白芍二錢、生地二錢加上何首烏三錢、玉竹二錢、肉蓯蓉二錢、玄參二錢、麥冬三錢。

方　　解：四物湯（前已述），何首烏、肉蓯蓉滋補肝腎、補益精血，玉竹、玄參、麥冬養陰潤肺，益胃生津潤腸。

服　　法：水煎服，日二服。

大腸燥熱型

病因病機：因腸胃滯熱，以及懷孕後會食用一些辛熱的食物，而導致腸道的津液不足、乾燥，使得大便硬結、難解。

症　　狀：懷孕期大便閉結、不解，或如羊屎狀，肛門灼熱或便血、臉紅、口臭、小便黃，或身體體熱，舌紅、苔黃、脈滑數。

治療原則：滋陰清熱、潤腸通便。

方　　藥：自擬方。

組　　成：生地二錢、阿膠二錢、黃芩三錢、火麻仁二錢、芝麻二錢、當歸二錢、菟絲子三錢、銀花三錢。

方　　解：生地、阿膠、當歸、補血滋陰潤燥，幫助排便，火麻仁潤燥滑腸通便，主治血虛、津虧之腸燥便祕，菟絲子滋補腎陰，銀花清瀉體熱。

服　　法：水煎服，日二服

脾肺氣虛型

病因病機：因肺與大腸相表裡，若肺氣虛的話，大腸在傳送糞便的能力便較低，若脾氣虛的話，則導致中氣不足，使得大腸的蠕動更加無力，因此產生妊娠大便難。

症　　狀：懷孕期間，容易出汗、氣喘不起來、疲倦、腹脹、食慾差、不易排便、糞便不硬或略硬、舌淡、苔薄白、脈細滑無力。

治療原則：補氣、潤腸、通便。

方　　藥：四君子湯加減。

組　　成：黨參三錢、白朮三錢、茯苓三錢、甘草一錢加上黃耆三錢、當歸二錢、生地二錢。

方　　解：四君子湯（前已述），黃耆脾肺氣虛、倦怠乏力，當歸、生地補血涼血潤腸。

服　　法：水煎服，日二服

預防與護理

在飲食方面，要儘量多食用一些纖維的蔬菜、水果，多喝水，儘量減少一些煎、炒、燥熱的食物，一天至少也要攝取2000cc的水分。

適當的運動，定期養成排便的習慣，因而有促進排便的作用。

每天至少能夠散步二十分鐘，也會讓你的排便更加順暢。

妊娠高血壓綜合症

何謂妊娠高血壓綜合症

妊娠20週後發生高血壓，水腫，蛋白尿等症候群，即稱為妊娠高血壓綜合症。嚴重時可發生抽搐、昏迷、肝腎功能衰竭，甚至母體、胎兒死亡。在中醫屬於「子腫」、「子暈」、「子癇」。

子腫

子腫是指妊娠中晚期，孕婦出現肢體、面目腫脹，亦稱「妊娠腫脹」。根據腫脹部位及程度的不同，分別稱為「子氣」「子腫」「皺腳」「脆腳」。

頭面遍身浮腫，小便短少者，屬水氣為病，名曰子腫，若自膝至足腫，小便多者，屬濕氣為病，名曰子氣。遍身俱腫，腹脹而喘，在六、七月時，特別常見，名曰子滿。若兩腳腫而皮膚厚者，屬濕，名曰皺腳，若皮薄，皮薄者屬水，名曰脆腳。

子暈

子暈是指妊娠中晚期，孕婦出現頭目眩暈、頭痛、視物昏

花，又稱〈子眩〉，若妊娠中晚期患者出現子暈，可能為子癇的先兆，故須進一步做檢查，以預防子癇的發生，妊娠暈眩，妊娠高血壓，先兆子癇，均可屬此範圍。

子癇

子癇是妊娠後期，正值分娩時，或新產後，忽然發生頭項強直，目睛直視，牙關緊閉，口吐白沫，眩暈昏仆，四肢抽搐，不省人事。醒後復發，甚至昏迷。子癇是由先兆子癇發展而來先兆子癇往往會發生子腫、子暈病症，如頭暈、視物不清、胸悶嘔吐、肢體水腫。

中醫病機

子腫、子暈、子癇雖表現不同病證，但實際上病因、病理變化，病情發展趨勢相關連。

中醫病機：肝陽上亢，肝風內動，水濕停聚為痰，痰與熱互結為痰火。痰火、肝風內蒙清竅，筋脈拘急則發為子癇。

根據世界衛生組織（WHO）的分類，單純高血壓、水腫、無蛋白尿，為輕度妊娠高血壓症。

高血壓、水腫合併有蛋白尿，則屬於子癇前症（先兆子癇）。

重度先兆子癇的判定

1.收縮壓≧160mmHg，舒張壓≧100mmHg

2.肝素（heparin）升高，或黃疸

3.血小板＜10萬/L

4.尿量減少＜400ml/day

5.尿蛋白總量＞0.3g/day

6.上腹痛，尤其是右上腹痛

7.視力障礙、盲點，或嚴重的前額頭痛

8.視網膜出血

9.肺水腫，心衰竭

10.腦出血，昏迷

妊娠高血壓出現抽搐，診斷為子癇。

西醫病因

子宮血流量

人類妊娠可見在多胎、羊水過多、葡萄胎等子宮過脹的情況下，血流量減少易發生高血壓。

免疫學說

母體對胎兒或對胎盤產生的內毒素引起免疫反應。

前列腺素學說

前列腺素（PGI2）具有擴張血管、降低血壓的作用，當體內

PGI2產生不足或破壞時，與血栓素A（TXA2）的比值發生變化，使孕婦對血管收縮素的敏感度性增加，致使血壓升高。

病理生理

妊娠高血壓病人，血管活性系統十分活躍，對血管加壓物質十分敏感，如腎素、血管收縮素、腎上腺素，這些物質可引起小動脈痙攣，使周邊血管阻力升高而導致高血壓。同時又由於血管痙攣的結果，腎血流量減少，缺氧導致腎絲球受損，腎小管再吸收減少，因而發生蛋白尿及水腫。

妊娠水腫的中醫療法

妊娠水腫是懷孕期間，因脾腎虛弱，體內水分代謝失常，引起水濕滯留於肌膚的一種病症。

故脾腎虛弱為其本，水腫為其標。治療原則應以利水祛濕治其標，補益脾氣、或溫補腎陽以治其本。

脾虛

病機：孕婦本身體質脾氣虛，因為懷孕使得症狀更為加重；或者是懷孕後，喜歡吃生冷的食物，損傷脾氣；或者過度疲勞，而思慮傷脾，因脾虛使得運化失調，導致水濕內生，表現在四肢末端、肌膚，因而遍身浮腫的現象。

症狀：妊娠中晚期，面目及下肢或全身浮腫，膚色淡白，皮薄而光亮，按之有凹陷，疲倦無力，或胸悶氣短，腹脹，或食慾不振，口淡無味，或大便溏薄，小便短少，舌胖有齒痕，苔白膩，脈滑而無力。

治則：健脾滲濕，利水消腫。

方藥：自擬方。

組成：白朮三錢、茯苓五錢、大腹皮二錢、生薑皮三錢、陳皮二錢、黨參三錢、黃耆三錢、車前子三錢。

方解：白朮、茯苓健脾利水，大腹皮、生薑皮理氣代謝濕氣，黨參、黃耆補氣改善疲倦加上車前子增強利水功效。

服法：水煎，日二服。

腎虛

病機：孕婦本身腎氣較虛，而懷孕後，因為陰血又聚集下焦以養胎，而使得腎陽的水氣運化失調，使得脾胃運行不暢，水濕泛溢身體而產生水腫的現象。

症狀：妊娠中晚期，面目四肢浮腫，尤其下肢腫甚，皮薄而光亮，按之凹陷，即時難起。伴見臉色晦黯，畏寒肢冷，腰酸無力，心悸耳鳴，小便短小，舌淡，苔白

潤，脈沉滑。

治則：溫腎扶陽，化氣行水。

方藥：濟生腎氣丸。

組成：附子一兩、桂枝一兩、熟地八兩、山藥四兩、山茱萸四兩、丹皮三兩、茯苓三兩、澤瀉三兩、懷牛膝五錢、車前子五錢。

方解此為六味地黃丸，加上肉桂、附子、車前子，以及懷牛膝。

方解：熟地，滋陰養血；山藥，補脾、固精；山茱萸，溫養肝腎；澤瀉，瀉腎火，以防熟地的滋膩；茯苓，健脾利濕；牡丹皮，活血瀉肝火；車前子，利水明目，使多餘的水分從小便出來；懷牛膝，補肝腎、強筋骨。

服法：共為末，煉蜜為丸。日服二次，每次十粒。

氣滯

病機：因為肺氣阻塞，不能夠通調水道，有乾澀的現象，使得氣滯的情形加重，阻礙了脾胃水分的代謝，加上懷孕中後期，胎兒漸大，影響了氣機，更為不利，因而氣滯水停，使得身體的水道運行不暢，引發妊娠腫脹。

症狀：妊娠中晚期，先從腳腫，牽連至大腿，按之凹陷，指起而復。自覺身腫足脹，胸脇脹滿或腹脹，食欲差，尿少，苔膩，脈弦滑。

治則：理氣健脾消腫。

方藥：自擬方

組成：香附二錢、陳皮二錢、烏藥二錢、紫蘇葉二錢、白朮二錢、茯苓二錢、豬苓二錢、澤瀉一錢五、甘草一錢、生薑三片。

方解：香附、陳皮、烏藥、紫蘇葉改善肝鬱氣滯，胸、脅、脘腹脹痛，白朮二錢、茯苓二錢、豬苓二錢、澤瀉一錢五分健脾利水、消水腫。

服法：水煎，日二服

養生藥膳

千金鯉魚湯《千金要方》

藥材組成：白朮二錢、生薑三片、茯苓二錢、陳皮二錢、白芍二錢、當歸二錢。

食材：鯉魚一尾。

用法：將藥材用過濾袋裝好，鯉魚去鱗切塊，一同放入鍋內煮熟，加少量鹽，即可食用。

適應證：本方具有健脾行水安胎作用，可適用於脾虛型。

陳皮冬瓜湯

藥材組成：陳皮三錢、香附三錢。

食材：冬瓜連皮，生薑3片。

用法：冬瓜洗淨切塊，連同藥材、生薑片放入鍋內煮熟、加少量鹽，每日2次，服至水腫消。

適應證：本品具有理氣行水作用，適用於氣滯型。

子暈的中醫療法

子暈是以肝陽上亢為主要病機，臨床表現以頭暈頭痛，眼花目眩為主證，或伴有血壓升高、水腫的病症。因此治療應以平肝潛陽為主要原則。並根據不同證型佐以滋陰、降火、健脾、祛濕等法。酌情加入天麻、鉤藤、石決明、龍骨、牡蠣等平肝潛陽之品。

陰虛肝旺

病機：陰虛肝旺，由於肝腎不足，因俱下養胎，陰血更感不足，而腎藏精、肝藏血，因陰虛而使得水不含木，而血虛，使得肝失滋養，導致肝陽上亢。

症狀：妊娠中晚期，頭暈，眼花目眩，耳鳴。伴見潮紅，心悸怔忡，多夢易驚，胸脇脹痛，舌質紅，少苔，脈細弦而數。

治則：滋陰補血，平肝潛陽。

方藥：羚羊鉤藤湯

組成：羚羊角一錢半、鉤藤三錢、桑葉二錢、菊花三錢、竹茹三錢、生地五錢、白芍三錢、茯神三錢、甘草一錢。

方解：羚羊、鉤藤，加上桑葉、菊花，有清肝熱、熄風止痙的作用，搭配生地、白芍、甘草，可養血滋陰；濡潤經脈，可緩和肝經經脈的痙攣；竹茹、貝母、茯神，可安神、化痰、清肝解鬱。

服法：日服一劑，水煎取汁，分二次服。

心肝火旺

病機：本身體質由於肝腎不足，因為肝為藏血之臟，而腎主水，腎水可以涵養肝木，若是肝陰不足，肝陽就容易亢盛，而懷孕後又由於陰血下俱養胎，而使得陰血更為虧損，而不能夠潛陽，肝陽上亢的情況便更為嚴重，進而引至肝風內動，而擾亂了頭目的清竅，進而導致眩暈。

症狀：妊娠中後期，頭痛頭暈，眼花目眩，面熱唇紅，煩躁不安，口乾口苦，小便短赤有灼熱感，舌質紅，少苔，脈細滑數。

治則：清心瀉火，平肝潛陽。

方藥：自擬方

組成：茵陳二錢、梔子一錢五分、黃芩二錢、車前子三錢、生地黃二錢、丹參三錢、茯神二錢、天麻二錢、鉤藤

二錢、生龜板三錢。

方解：茵陳、梔子、黃芩瀉火除煩，清熱利濕，車前子利水，清熱，明目，生地黃清熱滋陰涼血，天麻、鉤藤熄風止痙、祛風除痹改善高血壓眩暈。

服法：水煎，日二服

脾虛肝旺

病機：因為脾胃虛弱，而導致水分停在體內，而無法代謝出去，產後因為血俱養胎，肝血更為虧損，當胎體漸漸長大的時候，氣機更為不順，因此濕氣更加阻礙，泛溢到四肢末端以及肌膚，而導致眩暈、腫脹的現象。

症狀：妊娠後期，全身浮腫加劇，繼則出現頭昏眼花目眩，嘔心欲吐，脅肋脹痛。伴見神疲，納少便溏，舌胖有齒痕，舌苔厚膩。

治則：平肝潛陽，健脾去濕。

方藥：自擬方

組成：天麻二錢、鉤藤三錢、石決明二錢、白芍二錢、黃耆三錢、白朮二錢、茯苓二錢、澤瀉二錢、川芎二錢。

方解：天麻、鉤藤、石決明平肝潛陽，清熱明目，改善高血壓頭痛眩暈，白芍、黃耆補氣柔肝，白朮、茯苓、澤瀉補中健脾利水。川芎活血行氣，祛風止痛。

服法：水煎，日二服

氣血虛弱

因為體質氣血虛弱，在懷孕後難以養胎，使得氣虛更為嚴重，而導致腦部缺氧的現象，故導致妊娠眩暈。

症　　狀：頭暈、目眩、心悸、汗出、面色恍白、食慾不好、眠差、舌淡、苔薄白、脈細弱滑。

治療原則：補養氣血。

選用方藥：八珍湯。（前已述）

養生藥膳

子暈

藥材組成：生薑3片、紅棗5顆、茯苓2錢。

作　　法：可用800cc的水，加入藥材，用大火煮沸後，轉成小火，煮約10分鐘，放溫，即可飲用。

功　　效：此道藥膳可改善妊娠早期，容易噁心、嘔吐、食欲不好、容易疲倦體質的人飲用。

藥材組成：鉤藤三錢、菊花二錢、桑葉二錢。

作法：可用800cc的水放入鍋中，加入藥材，用大火煮沸後，轉成小火，煮約10分鐘，放溫，即可飲用。

功效：桑葉、菊花具有清肝熱、熄風止痙的作用；鉤藤可平肝潛陽，改善妊娠中、晚期頭暈、目眩的症狀。

子癇的中醫療法

子癇的發生多因懷孕後期胎兒逐漸長大，需要更多陰血滋養，使致母體精血虧虛嚴重，或臨產時，或新產後，陰血暴虛，以致精血更加虧損。導致肝風內動或痰火上擾而發病。

肝風內動

病機：若是陰虛體質，產後會使得腎精更加虧損，肝血更為不足，而引發肝陽上亢的現象，或者是懷孕後，情緒不穩定而傷肝，而導致肝陽上亢，進一步肝火內動，而引發子癇。

症狀：妊娠晚期，分娩之時，或生產完，突然四肢抽搐，不醒人事。伴見顏面潮紅，心悸煩燥，口乾，舌質紅，苔薄黃乾，脈細弦而滑。

治則：滋陰清熱、平肝熄風。

方藥：天麻鉤藤飲

組成：天麻三錢、鉤藤五錢、石決明十錢、黃芩三錢、梔子三錢、夜交藤十錢、茯神五錢、桑寄生八錢、杜仲五錢、川牛膝四錢、益母草五錢。

方解：鉤藤，平肝熄風；石決明，能清肝熱明目，可加強鉤藤平肝熄風的效果；梔子、黃芩，清熱瀉火，可降肝經之火；益母草，利水、活血；牛膝，引血下行，加上杜仲、桑寄生，能增強補益肝腎的效果；茯苓、夜交藤，有安神健脾的功效。

服法：日服一劑，水煎取汁，分二次服。

痰火上擾

病機：若是陰虛體質，懷孕後會使得腎精更加虧損，肝血更為不足，而引發肝陽上亢的現象，或者是懷孕後，情緒不穩定而傷肝，而導致肝陽上亢，進一步肝風內動，而引發子癇。

症狀：妊娠晚期、正值分娩之時，突然昏不知人，面部口角及四肢抽搐，牙關緊閉，氣喘不起來有痰鳴聲，煩悶體熱，水腫，舌質紅、苔黃膩、脈弦滑。

治則：清熱豁痰，熄風開竅。

方藥：安宮牛黃丸

組成：牛黃二錢五分、犀角二錢五分、鬱金二錢五分、黃芩二錢五分、黃連二錢五分、雄黃二錢五分、山梔二錢五分、硃砂二錢五分、梅片二錢五分、麝香二錢五分、珍珠五錢

方解：牛黃能清心解熱、安神、開竅；梔子、黃芩、黃蓮，犀角、珍珠、雄黃，可加強清熱解毒、去三焦火；犀角、珍珠、硃砂可幫助牛黃安神定驚；鬱金、冰片、

麝香，可芳香、醒腦、達到驅除病邪的效果。

服法：將上藥研成細末，煉蜜為丸，金箔為衣，每丸約重一錢，一日一丸。

竹瀝水送服。

養生藥膳

子癲

藥材：天麻二錢、石決明二錢。

作法：用600cc的水，將藥材用過濾袋包好，一同放入鍋中煮沸後，轉成小火，煮約5分鐘，放溫，即可飲用。

功效：天麻、石決明可改善妊娠後期，調整血壓的平穩，如頭暈、視物不清等現象。

妊娠腹痛

妊娠腹痛：也就是懷孕時肚子會痛而且有下腹重墜的感覺

中醫古籍記載：

妊娠期間，因為胞脈、胞絡阻塞，或者是失去濡養，使得氣血的運行不通暢，而產生小腹的疼痛，通常會經常反覆的發作，稱為妊娠腹痛，亦可稱為痛胎、胎痛、妊娠小腹痛。

妊娠腹痛始於〈諸病源侯論〉，若導致損傷了胞絡，便會有胎動不安的現象，所以妊娠腹痛是較胎動不安的症狀為輕者。

妊娠腹痛（胞阻）

【金匱・婦人妊娠病脈幷治】

有妊娠下血病者，假令妊娠腹中痛，為胞阻……

【醫宗金鑒・婦科心法要訣】

孕婦腹痛，名為胞阻

【諸病源候論・婦人妊娠病諸侯・妊娠腹痛候】

妊娠腹痛候

妊娠心腹痛候

妊娠腰腹痛候

妊娠小腹痛候

【竹林女科】

妊娠上攻於心則心腹痛，下攻於腹則腹痛，上下混攻則心腹俱痛。

妊娠腹痛（胞阻）臨床特徵（純指生理性腹痛）

疼痛部位：衝任督脈走向。

疼痛特點：痛無定處，發無定時。

疼痛性質：隱痛、脹痛為多。

兼症特點：小腹脹墜，時欲如廁，二便急迫。

辨症論治

虛寒

病　　機：由於身體氣血虛弱，懷孕後，飲食又不節制，而導致無法血聚以養胎，而陰血更虛，因此胞脈失養，產生妊娠腹痛的症狀。

症　　狀：在妊娠期間小腹會冷痛、臉色蒼白、容易手腳冰冷、頻尿、舌淡、苔薄白、脈沉弱。

治療法則：暖宮止痛、養血安胎。

方劑建議：膠艾湯加上杜仲、巴戟天。

膠艾湯組成：阿膠四錢、艾葉兩錢，當歸五錢、地黃五錢、白芍四錢、川芎兩錢、甘草兩錢。

方　　解：阿膠與艾葉，有止血、補血的效果，再加上四物，可補養肝血、滋陰、益肝、補虛，搭配甘草可調和脾胃，而達到止血、補虛的功效。杜仲、巴戟天補腎安胎止血。

服　　法：水煎、去渣、取汁後再加入阿膠，用微火讓其慢慢地融化，服用。

血虛

病　　機：因體質屬於陽虛，懷孕後又感到寒邪，因此胞脈失於溫養，而導致氣血受阻，引發妊娠腹痛。

症　　狀：小腹綿綿作痛，按之痛減、頭暈目眩、心悸怔忡、臉色微黃。

治療原則：可養血行氣、緩急止痛。

建議方劑：當歸芍藥散。

組　　成：當歸三錢、川芎三錢、芍藥一兩、白朮四錢、茯苓四錢、澤瀉三錢。

方　　解：當歸、白芍與川芎，可養肝血、柔肝；白朮、茯苓、澤瀉，可補脾、滲濕、幫助當歸、川芎活血、行氣、使氣血的運行更加通暢；而方中重用芍藥，主要是可以達到止痛的效果。

服　　法：將組成研磨成細粉，每次約服一錢，或一日二服，亦可做湯劑服用。

氣鬱

病　　機：由於懷孕後，七情內傷、情緒煩燥，而氣機不暢，導致產後因為血下養胎，而陰血更虛，當胎兒越來越大時，氣機的升降又不夠順暢，因此胞脈阻滯，引發妊娠腹痛。

症　　狀：懷孕後胸腹脹滿疼痛，尤其以兩個脇肋最為嚴重，容易煩躁易怒、苔薄白、脈弦滑。

治療原則：可用舒肝解鬱、理氣行滯的方式。

建議處方：逍遙散加上香附、鬱金

組　　成：柴胡、當歸、白芍、白朮、茯苓各一兩，炙甘草五錢、生薑三錢、薄荷一錢。

方　　解：當歸、白芍、柴胡，可養血、疏肝解鬱，搭配茯苓、白朮、甘草，可健脾補氣和中，配合少許的薄荷、煨生薑，可加強疏肝解鬱的功能，以及溫中、調和脾胃的功效，而共同達到養血、疏肝、健脾胃、調和氣血的效果。香附、鬱金理氣解鬱可改善脅肋痛。

服　　法：將組成研磨成粗末，每次服用大約一錢，如做成丸劑，每次二到三錢，一日三次，若做成湯劑，可按原方的比例酌減。

養生藥膳

血虛症

藥材：當歸二錢、芍藥二錢、甘草二錢、白朮二錢、茯苓二錢。

食材：鱸魚1條。

作法：

1. 藥材用過濾包包好，鱸魚洗淨、去鰓、鱗後，內臟除去切段、備用。
2. 中藥包及食材、少許薑絲放入鍋中，加上清水約1000cc，用大火煮沸後，轉成小火，燉至魚肉熟透，即可食用。

功效：此道藥膳改善氣血虛弱所致血氣運行不暢的產後腹痛，當歸、芍藥，補血活血；甘草、白朮、茯苓，補氣健脾；鱸魚具有增強產婦免疫力、抵抗力的作用。

產後調理篇

婦女產後常見疾病及調理

產後症古籍論述

產婦在新產後或產褥期所發生，與分娩與產褥有關的疾病稱為產後病。產褥期即指產婦在胎兒、胎盤分娩出後，其生殖器，子宮、卵巢恢復所需的一段時間，大約六到八週，新產後大約是指分娩後七天以內。

傳統醫學認為產後病的特徵是虛與瘀，因為生產時用力，以及產後的出血、元氣受損，氣血空虛，而導致產後多虛的體質，產後子宮在恢復的過程中，瘀血又容易停滯於子宮，而導致舊血不去，因此產後必是多瘀的體質，尤其又加上產後的產婦，本身體質的因素，或者是調養不慎，亦可能發生其他產後的諸病，所以一般產後致病是由於產時衝任胞脈受損、出血過多，而導致傷經亡血，或是瘀血內阻，阻礙於子宮，新血無法歸經，或是因為體質屬於虛弱的狀態，而邪氣容易入侵，感染到六淫，或飲食不潔，導致了氣血虛弱，臟腑功能受損，都容易導致產後病。

故產後病的診斷、治療，除了四診、八綱之外，還必須參考產後三審，在古籍中，〈張氏醫通〉，提到凡診新產婦，先審，少腹痛與不痛，惡露之有無；次審，大便通與不通，津液之盛衰；再審，乳汁行與不行，以及飲食多少，胃氣之盛衰，經過這三審之後，再依照產婦本身的體質、症狀、脈象、舌診，再經綜合的分析，而做出正確的診斷。

因此產後病的治療：根據產後，多虛多瘀、易熱易寒的特點，掌握補虛，而不可以滯邪，攻邪而不可以傷腎氣為要領，大多選用〈扶正驅邪、化瘀〉的方法，不但要兼顧氣血，但清熱又不可過於寒涼，因此古人提出產後三禁之說禁汗，禁下、禁利小便，所以臨症時，要靈活的運用，總之，用藥時，要兼顧氣血、津液，但又不宜過於功下。

產後腹痛

產後腹痛定義

指產婦分娩後，到產褥期，少腹疼痛的症狀，稱為產後腹痛；若是因為瘀血引起的，稱為兒枕痛。一般產婦在分娩後，小腹會輕輕、悶悶的作痛，這是產後子宮收縮復舊的現象，在西醫稱為〈宮縮痛〉，這是屬於正常的生理現象，會逐漸慢慢地消失，並不需要特別地處理，若是疼痛的程度較重，而且越來越加劇無法忍受，影響到本身產婦的身體健康，以及子宮的復舊，這就屬於病理的現象，此時就需要多治療，此病最早記載於〈金匱要略，產後病脈證治篇〉，列有血虛內寒、氣滯血瘀、瘀血凝著等三個證治，在〈婦人大全良方〉，也首次記載〈兒枕腹痛〉的名稱。

辨症治療

血虛症

病機：由於本身體質屬於血虛，在產時、或產後，氣血耗散，導致衝、任、胞脈失養，因此不通則痛，因氣血虛弱，又無法正常的運行，導致血氣運行不暢，而產後腹痛。

症狀：產後惡露不止，量多、色淡、質清稀，小腹下墜感，易疲倦，臉色蒼白，舌淡苔白，脈弱。

治則：補氣攝血。

方藥：補中益氣湯加阿膠、黑艾葉。

組成： 黃耆七錢、黨參五錢、白朮三錢、甘草二錢、陳皮三錢、當歸四錢、升麻兩錢、柴胡二錢。阿膠三錢、黑艾葉二錢。

方解：補中益氣湯（前已述）阿膠補血、止血滋陰潤燥、黑艾葉溫經止血，散寒除濕止痛。

服法：可水煎服，早晚各一次

血瘀症

病機：產後因為血室正開，寒邪趁機而侵入，而致寒凝，或情志不暢，肝氣鬱結，而導致氣滯血瘀，瘀阻了衝任、胞宮，導致產後腹痛。

症狀：產後惡露淋瀝，時多時少，色紫暗有血塊，小腹疼痛拒按，舌尖有瘀點。

治則：活血化瘀止血。

方藥：生化湯合失笑散。

組成：當歸六錢、川芎四錢、桃仁一錢五分、炮薑六分、炙

甘草一錢。黑蒲黃三錢、五靈脂三錢、生蒲黃三錢

方解：本方重用味辛甘溫的當歸，具有補養、活血、養血的作用，搭配川芎，可增加行氣活血的功效；桃仁，有活血、化瘀的作用；炮薑，溫經散寒；炙甘草，調補中氣、調和諸藥的作用，所以全方合用，具有溫經止痛、養血化瘀的功效。可生新血、去瘀血、排惡露。

失笑散（前已述）

服法：水酒各半煎，早晚各一次。

預防與護理

一、在產褥期，注重保健、衛生，保持陰部的清潔，預防感染。

二、產後要注意子宮收縮的情形，以及子宮頸的高度、陰道流血的現象，若是陰道流血不止，或子宮收縮不好而宮頸並未下降，表示子宮腔有積血，此時必須按摩小腹與子宮，幫助瘀血順利的排出。

三、產後要注意保暖、避風寒，飲食宜溫熱，少食寒涼、生冷的食物。

四、產後若腹痛不止、惡露量不正常、子宮的復舊不好，就應該有部份的胎盤、胎膜殘留，這時就必須要及時的檢查與處理。

藥膳

血虛症

藥材：當歸2錢、芍藥2錢、甘草1錢、白朮2錢、茯苓2錢。

食材：鱸魚1條。

作法：

1. 藥材用過濾包包好，鱸魚洗淨、去鰓、鱗後，內臟除去切段、備用。
2. 中藥包及食材、少許薑絲放入鍋中，加上清水約1000cc，用大火煮沸後，轉成小火，燉至魚肉熟透，即可食用。

功效：此道藥膳改善氣血虛弱所致血氣運行不暢的產後腹痛，當歸、芍藥，補血活血；甘草、白朮、茯苓，補氣健脾；鱸魚具有增強產婦免疫力、抵抗力的作用。

產後惡露不絕

產後惡露若超過三週，仍淋漓不止，即所稱為產後惡露不絕，即為惡露，是指胎兒及附屬物，分娩後，子宮腔內遺留的瘀血，欲由陰道排出，稱為惡露。一般惡露，初為鮮紅色，繼而逐漸變為淡紅，甚至白色，並無特殊的臭氣，在西醫認為，惡露是產褥期，胎盤附著部位出血，混合的子宮腔產物，其中含有血液、壞死的組織、胎膜，以及黏液，在西醫稱為晚期產後出血，以及產後子宮復舊不全，類似於產後惡露不絕。

在傳統醫學古籍當中，漢代的〈金匱要略，婦人產後病脈證治〉，以及隨代的〈諸病源侯論〉，都首次提到「產後惡露不盡」這個名詞。

治療

本病無論屬虛屬實，終為沖任不固、氣血運行失常所致，故治當「固沖止血，調理氣血」，莫循虛者補之、熱者清之、瘀者攻之的原則。

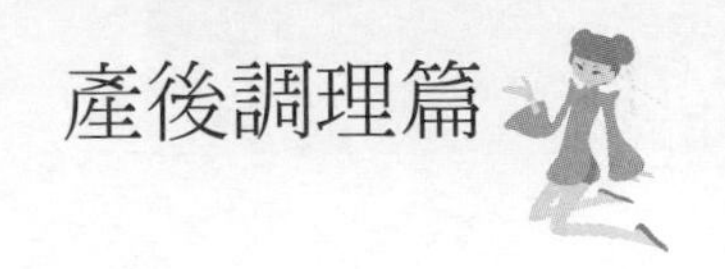

氣虛型

病機：因身體虛弱，懷孕時，飲食不慎，而損傷了脾胃之氣，又因產時耗傷氣血，過渡的損耗中氣，而導致衝任不固，子宮收縮無力，以致惡露不絕。

症狀：產後惡露不止，量多色淡質清，少腹下墜感，易疲倦，臉色蒼白，舌淡苔白，脈緩弱。

治則：補氣攝血。

方藥：補中益氣湯加鹿角膠、黑艾葉。

組成：黃耆七錢、黨參五錢、白朮三錢、甘草兩錢、陳皮三錢、當歸四錢、升麻兩錢、柴胡兩錢。鹿角膠二錢、黑艾葉二錢

方解：補中益氣湯（前已述）鹿角膠溫補肝腎，益精養血，止血、黑艾葉溫經止血改善出血。

服法：水煎，日二服。

血熱型

病機：因本身體質屬於陰虛的現象，而產後出血更消耗津液，而導致虛熱鬱積在身體裡頭，又因產後過食一些辛辣、上火、燥熱的補品，導致血熱擾亂了衝任，造成惡露不止。

症狀：產後惡露量多不止，色紅，質黏稠有臭氣，臉潮紅，口乾舌燥。

治則：養陰清熱止血。

方藥：自擬方。

組成：生地二錢、玄參二錢、地骨皮二錢、白芍二錢、阿膠二錢、女貞子二錢、旱蓮草二錢。

方解：生地、阿膠清熱涼血，養陰生津補血，玄參、地骨皮、清熱涼血，滋陰退熱，白芍、女貞子、旱蓮草養血調經，柔肝補腎止血。

服法：水煎，日二服。

血瘀型

病機：產後血室正開，因為寒邪侵犯了子宮，與血相結，而導致寒凝血瘀，或七情所傷，以致氣滯血瘀，又因產後元氣耗損，導致氣虛，無力運行氣血，導致氣血瘀滯，或因產後處理不當，產後瘀血停留在子宮中，新血無法歸經，造成瘀血內阻衝任，使得血不歸經，造成產後惡露不止。

症狀：產後惡露淋瀝，色紫暗有塊，小腹疼痛拒按，舌紫黯。

治則：活血化瘀止血。

方藥：生化湯合加川七粉5g。

方解：生化湯（前已述）川七粉止血散瘀。

服法：水酒各半煎，加上川七粉攪均即可飲用。

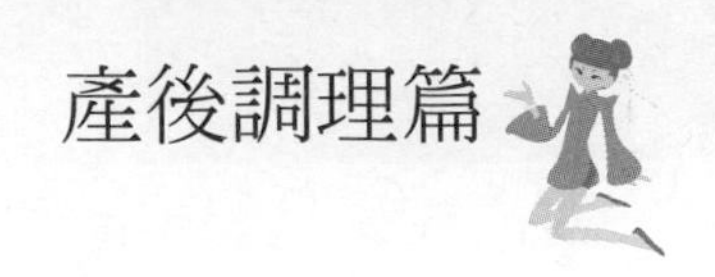

預防護理

一、在接生時，護理人員需嚴格地遵守無菌操作。

二、在產程時，應檢查胎盤、胎膜是否完整，若有不全時，應立即清理子宮。

三、產褥期，要保持外陰清潔，勤換棉墊、內褲，禁止盆浴及性生活，以避免感染。

四、產後要注重腹部的保暖，避免受寒，儘量少吃一些辛辣生冷的食物。

養生藥膳

氣虛型

藥材：黃耆5錢　艾葉2錢　阿膠2錢

食材：烏骨雞腿一隻

作法：

1. 烏骨雞腿切塊、川燙、去血水，藥材用過濾袋包好，
2. 川燙後的雞腿，加上藥材包，放入鍋中，加入水約1000cc，用大火煮沸後，轉成小火，燉煮約30分鐘至雞腿熟，加上鹽、酒、調味料，即可食用。

功效：阿膠益精養血，止血、艾葉溫通經絡止血　黃耆改善身體虛弱所至衝任不固，子宮收縮無力，所致惡露不絕

血熱型

藥材:生地二錢　玄參二錢　麥門冬三錢

食材:甘蔗汁150cc

作法:將藥材用過濾袋包好，備用，連同500cc的水，放入鍋中，用大火煮沸後，轉成小火，煮約10分鐘，放溫，加上甘蔗汁即可飲用

功效:生地補血涼血，玄參養陰生津　麥門冬清熱除煩　甘蔗汁退肺火緩解體內煩熱　可改善產後陰虛體熱體質所致的惡露出血

產後發熱

分娩與產褥期42天內，因生殖道的創傷面受到病菌的侵襲，引起局部或全身性的炎症變化。產褥期以發熱為主症，或伴有其他症狀者，稱為產後發熱。通常於產後一到二天，因為陰血不足，營衛失於調和，因此有輕微的發熱，通常在短時間能夠自行的改善，不屬於病態，也有在產後三到四天泌乳期，有低熱的現象，這種現象會自然消失，都不屬於病理的範圍。

產褥感染

屬於產後發熱的範圍，通常產褥感染是分娩後，生殖器官的感染，由於細菌侵入生殖道所引起的炎症，最早記載在〈金匱要

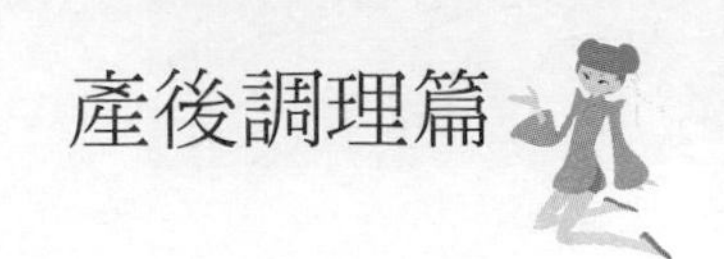

略，婦人產後病脈證治〉中，有記載產後中風、發熱、面赤、氣喘、頭痛。

在〈醫宗金鑑・婦科心法要訣〉中，亦有提到產後發熱之故，非此一端，說明本病的發生，有多種原因所導致，可能是由於外感、血虛、或瘀血等，而西醫學認為由於細菌侵犯了生殖器官所引起的發熱，因為分娩後身體機能、生殖道的抵抗力降低，亦增加了細菌侵入生殖器官的機會，而誘發了產褥感染。確定感染部位包括會陰陰道口、剖腹產傷口感染。子宮內膜炎及子宮肌炎。盆腔炎及盆腔腹膜炎。感染性休克和多器官功能損傷。

中醫辨證要點

根據證型、惡露、小腹疼痛情況及伴見症狀加以辨證。

中醫病因病機

產後發熱為產後體虛，感染邪毒直中胞宮，正邪相爭所致。

治療

感染邪毒型

病機：由於分娩時出血損傷了正氣，或是接生時，消毒不嚴引起，或是產後外陰部護理不潔，而導致邪毒，趁虛侵犯了子宮，進一步擴散到全身，而引發發炎、發熱。

症狀：產後高熱畏寒，小腹疼痛拒按，惡露時或少，色紫暗，有臭味，脈數有力。

治則：清熱解毒，涼血化瘀。

方藥：五味消毒飲加赤芍魚腥草。

組成：銀花五錢、野菊花五錢、蒲公英五錢、紫花地丁五錢、紫背天葵二錢、赤芍二錢、魚腥草三錢。

方解：銀花、野菊花、蒲公英能清熱解毒、消散癰腫、紫花地丁、紫背天葵為治療疔毒的要藥，赤芍二錢活血涼血，魚腥草三錢消紅腫熱毒。

服法：水煎，日二服。

血瘀發熱

病機：產後惡露排出不順暢，停留在子宮鬱滯，導致氣機受損，進而鬱滯發熱。

症狀：產後忽冷忽熱、惡露不斷、量少、色暗、有血塊、小腹疼痛、口乾、便祕、舌尖有瘀點、脈弦。

治療原則：活血化瘀、加上清熱解毒。

方藥：桃紅四物湯，加上敗醬草、延胡索、黃芩。

組成：當歸四錢、川芎二錢、赤芍三錢、生地四錢、桃仁四錢、紅花二錢、敗醬草二錢、延胡索三錢、黃芩二錢

方解：桃紅四物湯即由四物湯加上桃仁、紅花，四物湯補血調經，桃仁紅花活血祛瘀有滋補血虛化瘀的作用，敗醬草、黃芩清熱改善發炎物質，延胡索消炎止痛。

服法：水煎服，日二次。

外感發熱

病機：產後由於衛氣不固，感受到外邪，或是風寒之邪，趁虛而入，而導致寒邪，侵犯皮表，而致發熱，或風熱之邪，趁虛而入，導致營衛失調發熱。

症　　狀：頭痛、身痛、鼻塞、咳嗽、咽痛、下腹痛、脈浮、苔薄白。

治療原則：驅風解表、清熱。

方　　劑：銀翹散

組　　成：銀花、連翹各五錢；荊芥、薄荷、牛蒡子、甘草各兩錢；淡豆豉、竹葉、桔梗各三錢。

服　　法：水煎分兩次，溫服，本方藥物，宜水煎煮沸，而不宜煮過久，因有揮發性的藥材。

方　　解：銀花、連翹，辛涼解表，具有解毒清熱的功效，為本方的主藥；桔梗、牛蒡子，有清咽利喉的功

效；荊芥、薄荷、淡豆豉，有疏散風熱，可協助銀花、連翹去除病邪；蘆根、淡竹葉、甘草，有助清熱解毒、生津的功效。

熱入心包型

病機：邪熱之血，纏綿不解，而傳入營血，侵犯了心包。

症狀：高熱不退，神昏譫語，昏迷，面色蒼白，四肢冰冷，脈細數無力。

治則：應住院治療。

預防與護理

一、首先，要做好孕期的衛生檢查，及產前檢查，如有營養不良、貧血，或者是容易感染的疾病，應及早治療，增強自身的抵抗力。

二、分娩時，要嚴格執行無菌操作，盡量避免損傷產道。

三、分娩後，保持外陰的清潔，加強營養，嚴禁房事，冰冷、生冷、烤、炸、辣、油膩、刺激性的食物，盡量減少食用。

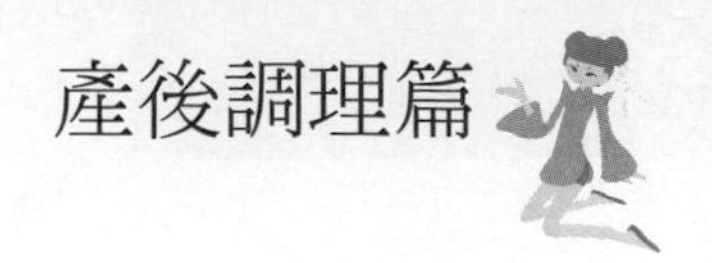

養生藥膳

藥材：敗醬草2錢、黃芩2錢、連翹3錢。

食材：蘋果半顆、水梨半顆。

作法：

1. 藥材用過濾包包好，用800cc的水，煮沸後，轉成小火，煮約10分鐘，放溫
2. 藥汁濾出備用，將蘋果、水梨洗淨、削皮、去核、切成小塊，藥汁及食材放入果汁機中，攪拌均勻，加入蜂蜜，即可飲用。

功效：水梨含有可溶性的纖維及果膠，可清除體內的廢物及熱毒；蘋果，補血，含有鐵質，很適合產後的婦女食用；敗醬草、黃芩、連翹，清熱解毒、涼血、化瘀，可改善生產後體內邪毒侵犯，而引發發炎、體熱的症狀。

急性乳腺炎

急性乳腺炎是是乳腺的急性化膿性感染，絕大部分發生在哺乳期產婦，初產婦多見，發生於產後3～4週。

中醫稱為「乳癰」，即指乳房局部紅腫熱痛，甚至化膿潰爛，伴惡寒發熱者。

由於乳癰發病時間和病因不同，中醫把乳癰分為三類：

外吹乳癰；

內吹乳癰；

非哺乳期及非妊娠期乳癰。

其中以外吹乳癰最為常見，與產褥關係密切。

西醫病因

一、乳汁鬱積

由於產婦餵奶不適當，次數過少，哺乳後剩餘的乳汁未及時排空而鬱積在乳腺小葉中，形成乳塊，局部壓迫腺管，形成乳腺管阻塞，而加重乳汁鬱積。

二、細菌的入侵

急性乳腺炎的病原菌主要是金黃色葡萄球菌，細菌通過乳頭傷口侵入，再沿淋巴管蔓延至皮下和腺葉間的脂肪及結締組織，引起發炎。

中醫辨證要點

從乳癰初起到痊癒，臨床上常分為瘀乳期、蘊膿期及潰膿期。

其辨證要點為辨其成膿與否，及已潰與未潰。

中醫療法

瘀乳期

症狀：產後或哺乳期中，乳房腫硬疼痛，惡寒發熱，口乾，小便黃便祕，舌紅苔黃，脈弦數。

治則：疏肝清胃，通乳散結。

方藥：自擬方。

組成：牛蒡子二錢、花粉三錢、黃芩三錢、梔子二錢、連翹二錢、皂刺二錢、金銀花二錢、甘草一錢、陳皮二錢、青皮二錢、柴胡一錢、蒲公英二錢、當歸尾二錢、赤芍二錢。

方解：牛蒡子、連翹、金銀花疏散風熱，解毒，利咽、花粉清熱生津，清肺潤燥、黃芩、梔子、蒲公英、甘草清熱燥濕，瀉火解毒，改善癰腫瘡毒，皂刺消腫排膿，主治癰疽腫毒，陳皮、青皮、柴胡、疏散退熱、疏肝解鬱理氣，當歸尾、赤芍補血活血涼血。

服法：水煎，日二服。

蘊膿期

症狀：乳房腫塊紅腫熱痛，發燒，或乳頭內有膿液流出，舌紅苔黃膩，脈弦數。

治則：清熱解毒，托裏透膿。

方藥：托里透膿湯

組成：黨參、炒白朮、穿山甲、白芷，各一錢；升麻、甘草各二分；當歸兩錢；黃耆三錢；皂角刺一錢半；炒青皮五分。

方解：黃耆，有補氣、護胃的作用；當歸具有養血活血的功效；加上白芷、升麻，可生肌長肉，透濃外泄；而穿山甲、皂角刺，可透濃、通經、散結的功效。

服法：水煎，日二服。

潰膿期

症狀：腫痛稍減傷口逐漸癒合，或潰後仍腫痛發熱，舌苔黃膩，脈弦數。

治則：清熱生肌。

方藥：四妙湯。

組成：黃耆、當歸，各三錢；銀花四錢；甘草一錢。

方解：黃耆，當歸，有補養氣血的功效，而當歸更可加強活血、養血，加上銀花、甘草，具有清熱解毒的功效，故此方可消散熱毒。

服法：水煎，日二服。

藥膳

藥材：皂刺二錢、蒲公英三錢、天花錢三錢。

作法：將藥材用過濾包包好，用700cc的水一同放入鍋中，用大火煮沸後，轉成小火，煮約10分鐘，放溫，即可飲用。

功效：皂刺具有疏通乳腺、經絡的功效；蒲公英清熱解毒、化膿腫；天花粉，清熱生津、軟堅散結，故可改善產後乳腺發炎所造成的硬塊、疼痛。

產後缺乳

產後乳汁甚少、或無，即稱為缺乳，古籍稱為產後乳汁不足、產後乳汁不行、產後乳無汁等，通常發生在產後二到三天，或半個月內。

正常的情況下產後十二小時，便可開始哺乳，若乳汁甚少，不能滿足嬰兒的需求，則為缺乳。

缺乳始見於〈隨朝・諸病源侯論〉，稱產後乳無汁，由於產後經血不足，津液缺乏，而導致無乳的機理。

宋朝，〈三因級一病症方論〉中就提到缺乳的病因，有虛實兩種，若是血氣盛、或者氣血虛弱，提出了虛當補之、盛當疏之的治法；而西醫認為乳汁的分泌和乳腺的發育，和身體的狀況，有密切關係，由於垂體的功能低下，孕期胎盤功能不全時，阻礙乳腺的發育，導致產後乳汁分泌不足，此外由於營養不良、精神抑鬱等，亦可影響下視丘，使垂體前葉催乳激素的分泌減少，因而導致乳汁分泌不足。

中醫療法

氣血虛弱

病機：由於身體虛弱，生化不足，又因分娩後，氣血耗損，憂思傷脾、過度操勞，而導致氣血虧損，無法產生足夠的乳汁。

症狀：產後乳汁不足，質清稀。面色無華，神疲無力，食慾不佳，舌淡白，苔薄白，脈細弱。

治則：補益氣血，佐以通乳。

方藥：自擬方

組成：當歸二錢、熟地二錢、麥冬三錢、木通一錢、黨參三錢、黃耆三錢、通草一錢、桔梗二錢。

方解：當歸、熟地滋陰補血，麥冬清熱除煩、益胃生津、黨參、黃耆補氣升陽、主治脾肺氣虛、倦怠乏力，木通、通草、桔梗清肺，通乳，改善產婦乳汁，不通。

服法：水煎，日二服。

肝鬱氣滯

病機：由於產後失血使肝失所養，而導致肝鬱，肝失調達，而氣機不暢，脈絡堵塞，乳汁運行，受到阻礙。

症狀：產後乳汁甚少，乳汁稠，乳房脹痛而硬。體熱，心情煩燥，胸脅脹痛，食慾減退，舌紅，苔薄黃，脈弦數。

治則：疏肝解鬱，通絡下乳。

方藥：下乳天漿飲

組成：當歸三錢、川芎一錢半、熟地三錢、白芍三錢、麥冬三錢、天花粉三錢、穿山甲一錢、通草一錢、漏蘆二錢、王不留行一錢、茯苓三錢、甘草一錢。

方解：本方用四物湯，入肝經、養血、化瘀疏肝、活血、疏通乳房經絡；搭配麥冬、天花粉，可生津液；加入穿山甲、通草、漏蘆、王不留行，具有破瘀、通經絡，和血下乳汁的作用；加上茯苓、甘草，可調補脾胃，增加氣血、通絡下乳的功能。

服法：水煎，日二服。

護理與預防

一、定期做好乳房的護理，若乳頭有凹陷時，可將乳頭向外拉，以免造成哺餵的困難。

二、定期哺乳，使用正確的哺乳方法，可促進乳汁的分泌，以及做適當的乳房按摩。

三、禁食酸辣的食物，多食用營養、蛋白質、蔬菜水果，以及充足的湯、水，但不宜過於油膩，以免阻礙脾、胃，反而造成缺乳的現象。

四、在起居上要有充足的睡眠、適當的活動，保持心情的愉

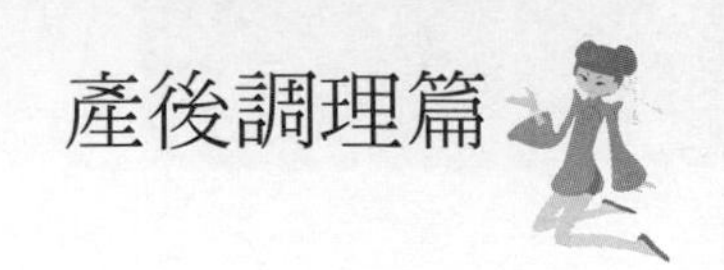

快，以及氣血的調和。

藥膳

藥材：王不留行三錢、當歸二錢、川芎二錢。

作法：將藥材用過濾袋包好，備用，連同800cc的水，放入鍋中，用大火煮沸後，轉成小火，煮約10分鐘，放溫，即可飲用。

功效：王不留行有化瘀、通經絡、下乳汁的作用；當歸可補血，加上川芎，增強化瘀、活血、疏通乳房經絡、促進乳汁分泌、下乳的功能。

產後乳汁自出

產後或哺乳期，由於乳汁不經嬰兒的吸吮，而自然流出，稱為產後乳汁自出，或者產後乳汁自湧、產後乳汁自溢、漏乳等，若是母體身體強壯，氣血充足，乳汁充沛，而導致乳汁自溢的現象，若是哺乳期已過，或者是哺乳時間已到，而未按時哺乳，或是斷乳之時，乳汁仍自出時，都是屬於生理性的乳汁外溢，並不是一種病態，而本病記載，首見於〈諸病源侯論．產後乳汁溢侯〉，〈指出經血盛時，則津液有餘〉，指的是屬於生理性的乳汁外溢。

若是一種病症，在唐朝的〈經效寶產〉指出〈產後乳汁自出，蓋是身虛所致〉，宜服補藥以止之，這句話指出了身體若是過於虛弱，乳汁自出的話，就必須要用補的方法來治療；在〈景岳全書〉中提及，乳汁自出可分為陽明胃氣不固、陽明血熱、肝經怒火上衝，導致乳多、脹痛，和乳汁自出的現象。

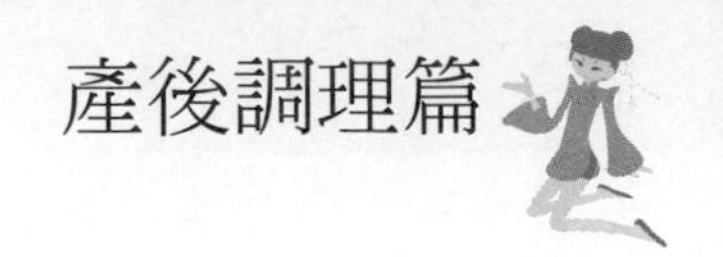

中醫療法

氣血虛弱

病機：由於產後脾胃虛弱、氣血耗傷，或飲食不潔、思慮傷脾、中氣不足，而導致乳汁自出。

症狀：乳汁不經嬰兒吸吮而自然流出，量少質清，易疲倦，食欲不佳，舌質淡少苔，脈細弱。

治則：補氣養血，佐以固攝。

方藥：八珍湯加麥芽

組成：：當歸三錢、川芎二錢、熟地三錢、白芍三錢、黨參三錢、白朮三錢、甘草一錢、茯苓三錢。生麥芽一兩

方解：八珍湯（前已述），消食和中，回乳消脹改善婦女斷乳，乳汁鬱積，乳房脹痛。

服法：水煎，日二服。

肝經鬱熱

病機：產後情緒不遂，鬱而化熱，或怒氣傷肝，肝火亢盛，使得肝氣疏瀉太過，而導致熱迫乳溢，引起乳汁自出的現象。

症狀：乳汁不經嬰兒吸吮而自然流出，量多質稠，乳房脹痛，煩躁易怒，脇肋脹痛，口苦咽乾，舌質暗紅，苔薄黃，脈弦細數。

治則：疏肝、解鬱、清熱。

方藥：丹梔逍遙散加上夏枯草、生牡蠣。

組成：柴胡、當歸、白芍、白朮、茯苓各一兩，炙甘草五錢、生薑三錢、薄荷一錢。夏枯草三錢、生牡蠣二錢。

方解：丹梔逍遙散（前已述）。夏枯草、生牡蠣清肝明目，散結消腫。主治癭瘤瘰癧，乳癰乳癖。

服法：水煎，日二服。

藥膳

藥材：桂枝二錢、雞血藤二錢、薏苡仁三錢。

食材：鰻魚200克。

調味料：鹽、米酒少許

作法：藥材用過濾袋包好備用，鰻魚洗淨、切塊備用，將藥材包及食材放入鍋中，加入800cc的水燉煮約20分鐘，至鰻魚熟爛，即可食用。

功效：桂枝，溫通經絡、可驅散身體的風邪；雞血藤，活血養血、通經絡的功效；薏苡仁，健脾除濕，可改善關節的濕氣、疼痛；鰻魚，含有豐富的鈣質，疏通身體的經絡，故此道藥膳可改善產後因風邪、濕邪阻塞經絡所造成的身體疼痛。

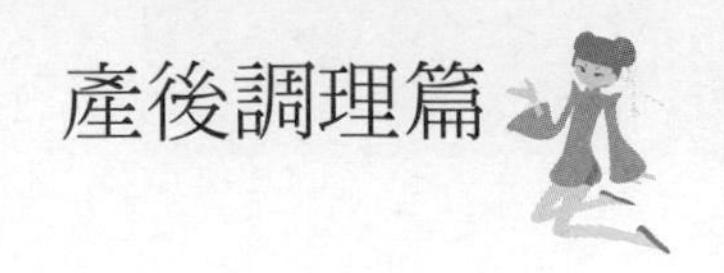

產後關節痛

產褥期時，出現關節酸痛，麻木者稱為〈產後身痛〉、〈產後遍身疼痛〉，也有稱為〈產後關節痛〉等，產後身痛的敘述最早見於唐代的〈經效產寶產後中風方論〉中指出因〈產傷動血氣，風邪乘之〉所致；明朝的〈校著婦人良方〉指出，〈產後遍身疼痛〉有（血瘀氣滯）與（血虛）的不同，血瘀氣滯因補而散之，血虛因補而養血，總之，產後身痛大多著重在產後失血，導致過虛，為此病的根本，故養血是相當重要的。

中醫療法

血虛

病機：產後失血過多，因血虛，而身體四肢、經脈、關節失於濡養，而導致肢體麻木、疼痛。

症狀：產褥期中，身體疼痛，肢體麻木，面色痿黃，頭暈心悸無力，舌淡紅苔薄白，脈細弱。

治則：養血益氣，溫經通絡。

方藥：黃耆桂枝五物湯加味。

組成：黃耆五錢、桂枝三錢、白芍三錢、炙甘草一錢半、生薑三錢、大棗四兩。秦艽三錢、當歸二錢、雞血藤三錢。

服法：水煎分兩次，溫服。

方解：方中桂枝辛、溫，可通經絡、祛在表之風邪、養血；生薑味辛；佐桂枝以解表；大棗，味甘，佐芍藥可和裏，加上甘草，具有調和諸藥的作用，結合大棗，具有補養胃氣的功效，加上黃耆，具有補氣、養血、推動疏通經絡的效果。秦艽、雞血藤、當歸養血祛風濕，舒筋絡，主治風濕痹痛，筋骨拘攣。

風寒濕痺

病機：產後氣血虛弱，身體關節百開，而導致營衛不密，或生活起居不慎，風寒、濕邪趁虛進入經絡、關節，而使得氣血運行，受到阻礙瘀滯而疼痛。

症狀：產褥期中，身體疼痛，或痛處遊走不定，或肢體關節腫脹、麻木，惡風怕冷，舌質淡，苔薄白，脈浮緊。

治則：養血祛風，散寒除濕。

方藥：獨活寄生湯。

組成：獨活三錢、桑寄生、秦艽三錢、防風三錢、細辛一錢、當歸三錢、芍藥三錢、川芎三錢、地黃四錢、杜仲三錢、牛膝三錢、人參三錢、茯苓三錢、炙甘草二錢、桂心一錢。

服法：日服一劑，水煎取汁，分兩次服用。

方解：當歸、熟地、白芍、川芎，具有補養肝血、活血的功效；黨參、茯苓、甘草，有補氣、健脾的作用；桂

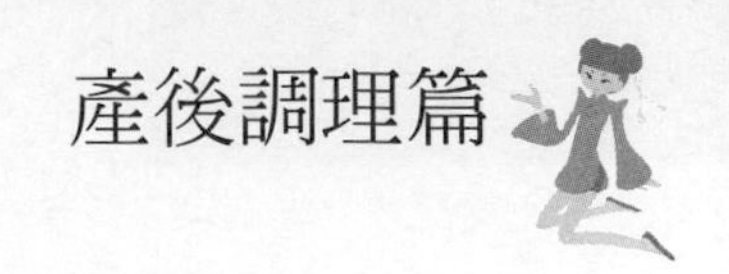

心、杜仲、牛膝，有入腎補虛的作用，獨活、桑寄生具有滋肝腎、強筋健骨；互為此方的主藥；秦艽、防風、細辛，可驅散風邪、散寒、祛濕的作用。

血瘀

病機：產後瘀血為病，阻礙了經絡，而導致損傷氣血，引發經脈的阻塞、關節疼痛。

症狀：產褥期中，遍身疼痛，或痛處經脈青紫，惡露量少色暗有血塊，少腹疼痛拒按，舌質紫黯有瘀點，脈弦。

治則：養血活血，化瘀通絡。

方藥：身痛逐瘀湯。

組成：秦艽一錢、川芎兩錢、桃仁三錢、紅花三錢、甘草兩錢、羌活一錢、沒藥兩錢、當歸三錢、五靈脂兩錢、香附一錢、牛膝三錢、地龍兩錢。

方解：秦艽有去風濕、退熱的作用；羌活具有驅濕散寒；桃仁、紅花、當歸、川芎，具有活血、養血、去瘀通絡之效；沒藥、五靈脂、香附，可行氣活血、止痛；牛膝、地龍，可疏通經絡、利關節的效果；甘草具有調和諸藥的功效。

腎虛

病機：身體腎氣虛弱，因腰為腎之府，膝蓋屬腎，因此足跟為腎經所經過，所以腎虛會導致腰、膝、關節酸痛，以及足跟痛。

症狀：產褥期中，腰背酸痛，走路無力，或腳跟疼痛，舌淡胖，苔薄白，脈沉細無力。

方藥：自擬方

組成：桑寄生三錢、川斷三錢、杜仲三錢、獨活二錢、當歸二錢、防風二錢、肉桂一錢、生薑三片、川芎二錢、秦艽二錢、熟地二錢、甘杞三錢、巴戟天三錢。

方解：桑寄生、川斷、杜仲調補肝腎，強壯筋骨，防風、獨活、秦艽，祛風勝溼，主治風寒濕痺，肉桂，補火助陽，當歸、熟地補血活血，滋補筋骨。

預防與護理

注意產褥的衛生，以及產後的護理，避免居住在寒冷、潮濕中，要注意保暖，以預防外邪的入侵，若有妊娠貧血的現象，要注重身體保養，服用營養、補血的食療。

藥膳

產後身痛

藥材：桂枝二錢、雞血藤二錢、薏苡仁三錢。

食材：鰻魚200克。

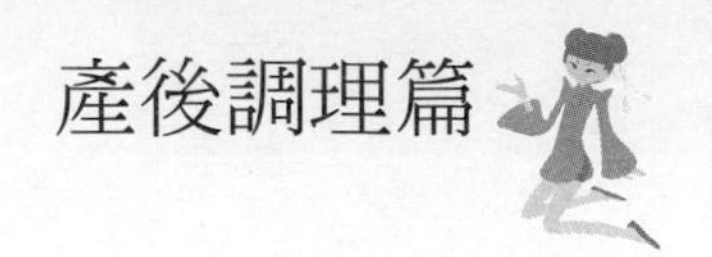

調味料：鹽、米酒少許

作法：藥材用過濾袋包好備用，鰻魚洗淨、切塊備用，將藥材包及食材放入鍋中，加入800cc的水燉煮約20分鐘，至鰻魚熟爛，即可食用。

功效：桂枝，溫通經絡、可驅散身體的風邪；雞血藤，活血養血、通經絡的功效；薏苡仁，健脾除濕，可改善關節的濕氣、疼痛；鰻魚，含有豐富的鈣質，疏通身體的經絡，故此道藥膳可改善產後因風邪、濕邪阻塞經絡所造成的身體疼痛。

產後自汗、盜汗

產婦於產後出現汗出，持續不止，稱為產後自汗；若是於睡後出汗，醒後即停止出汗，則稱為產後盜汗。

產後自汗在古籍中，〈諸病源候論，婦人產後諸病候〉，有提到〈產後汗出不止候〉，云〈血為陰，產則傷血，是為陰氣虛也；氣為陽，其氣實者，陽加於陰，故令汗出〉，意思是指出，陰氣虛弱者，會容易汗出不止，因為產後多血虛，故容易多汗，在〈傅青主女科〉中，有產後盜汗的病名，指出產後盜汗跟內科雜症之盜汗不盡相同，治療時，應注意要調治氣血。

氣虛產後自汗

病　　機：身體虛弱，因生產時耗傷氣血，使得氣虛的現象更加嚴重，而導致陽不斂陰，因此陰液外洩，而汗出。

症　　侯：產後汗出，持續不止，畏冷、倦怠無力、臉色晃白，舌淡紅、苔薄白、脈虛弱。

治療原則：補氣、固表養血，調和脾胃、止汗。

方　　藥：自擬方。

組　　成：黃耆五錢、白朮三錢、防風二錢、熟地二錢、煅牡蠣三錢、甘草一錢、大棗五顆。

方　　解：重用黃耆補氣固表，白朮健脾，防風疏風固表幫助黃耆固邪，煅牡蠣軟堅散結，收斂固澀。用於改善虛汗，熟地補血生津，甘草、大棗補中調和諸藥。

服　　法：水煎，日二服。

陰虛產後盜汗

病　　機：因體內陰血不足，而產時傷陰，而導致更加虛弱，又因陰虛而產生內熱，導致熱迫、陰液外洩，而致產後盜汗。

症　　狀：產後，睡覺中出汗，體微熱、頭暈耳鳴、口乾舌燥、煩熱、腰酸、舌紅、脈細數。

治療原則：益氣、養陰、斂汗。

選用方藥：生脈散，加煅牡蠣、浮小麥、麻黃根。

組　　成：人參一錢、麥冬三錢、五味子兩錢。煅牡蠣、浮小麥、麻黃根養心益氣，除熱止汗。改善自汗，盜汗。

方　　解：人參，大補元氣；麥冬，具有生津止渴、養陰的作用；五味子收斂耗散的肺氣。

預防與護理

出汗的時候，容易感受外邪，因此要避風寒、保暖、以防感冒，而汗出之後，要即時的拭擦，更換衣服，以保清潔。

養生藥膳

藥材：黃耆三錢、白朮二錢、防風二錢。

作法：將600cc的水連同藥材放入鍋中，煮沸後，轉成小火，放溫，即可飲用。

功效：黃耆，補氣固表；白朮，健脾；防風，可疏散身體的表邪，故此道茶飲可改善產後氣虛的自汗。

附錄

附錄一

（一）產後排惡露，運用中醫來調理

西醫

說明：生產後子宮所產生的分泌物稱為「惡露」。

惡露分期：

1. 產後頭2、3天

（1）通常產後頭2、3天所排出的惡露，主要是血液及部分的黏液。

（2）這些黏液主要附著於胎盤位子上的一些殘留組織與碎片。

（3）但正常的惡露不應該有很大的血塊，或者是大塊的胎盤組織。

（4）因此，若有鮮紅的血液大量流出，應該要是屬於正常的情況。

2. 產後4天到7天

通常產後4天到7天，子宮內膜會逐漸地修復，惡露會逐

漸地減少、變稀，甚至有點粉紅色，此時稱為「漿液性惡露」。

3. 產後10天左右

到了產後10天左右，惡露會慢慢地變成黃白色，甚至是透明、無色的，這時候則稱為「白色惡露」。

4. 產後第3星期

（1）通常到了產後第3星期，這些分泌物會逐漸地減少。

（2）若有褐色的分泌物，表示子宮還處於修復的過程。

（3）因為內膜若在子宮內停留一段時間再排出來，就會變成褐色或咖啡色。

中醫

說明：

1. 在中醫認為「產後惡露」的發生是屬於產後調理的第一階段。
2. 這時候呢，因為產後用力過度，造成生產時出血，因此，元氣大傷，而瘀血停滯在子宮當中。
3. 所以這個階段是屬於多虛、多瘀的體質狀況。

治療原則：服用生化湯

1.因此，這個時候應該服用生化湯，生新血、排惡露。

2.功效：有助於產後婦女子宮收縮以及惡露的排出。

建議事項：通常建議，若是有服用子宮收縮劑的產婦，生化湯不要吃太多。

1.自然產：自然產的媽媽，約5到10帖左右。

2.剖腹產：因為大多醫師會將子宮內的血水清乾淨，通常4到7帖就可以了。

3.切記！勿整個月都在吃生化湯，反而會造成惡露的不止。

生化湯

組成；生化湯的組成為當歸、川芎、桃仁、生地、炙甘草、炮薑。

功效：具有刺激子宮收縮，排惡露，以及幫助乳汁分泌的作用。

辨證用藥

1.腰酸：若產後婦女會腰酸，可再加上杜仲。

2.有血塊：若排出惡露有血塊的，可加上山楂。

3.下腹脹痛：若有下腹脹痛，可加上益母草。

按摩療法：子宮按摩

功效：

1. 有助於惡露的排出。
2. 幫助餵奶。
3. 也有助於子宮收縮、排出惡露。

穴位按摩：可選用三陰交、合谷、陰陵泉。

功效：有助於子宮收縮、惡露排出。

建議藥膳茶飲

組成：可選用山楂2錢、香附2錢、枸杞2錢。

作法：用600cc的水煮沸後，放溫，即可飲用。

功效：此道藥膳茶飲有助於消脂、促進子宮的循環，排出惡露、黏膜，預防子宮瘀血、產褥熱發炎的作用。

（二）懷雙胞胎孕婦前3個月不可忽視安胎

西醫

說明：懷雙胞胎的媽咪，更是一人吃三人補，不僅是母體的需求，還要顧慮到餵養腹中的兩個小寶貝。因此，在營養素的補充，絕對更不可以輕忽。

建議飲食：除了飲食均衡外，更要注重下列的營養成分的食物，才能使寶寶在肚子裡茁壯成長。

◎葉酸：

1. 建議在懷孕前三個月前，至少要每天攝取400毫克。
2. 可降低寶寶流產、智能不足的機率。
3. 一般從豆類、蘆筍、酵母、小麥、胚芽等食物，就可以攝取到。

◎鈣質：

1. 懷雙胞胎的媽咪，更要補充大量的鈣質，因為這是胎兒成長的需要
2. 亦可緩解懷孕時候小腿的抽筋。
3. 一般可多攝取蛋奶類、堅果、海帶、紫菜等。

◎鐵質：

1. 這是懷孕時需要的營養成本，因為在懷孕末期，胎兒會儲存大量的鐵質在體內，因此，雙胞胎的媽咪，更要補充多量的鐵質。
2. 依建議可多去攝取葡萄、櫻桃、蘋果、菠菜、紅鳳菜等。

◎B群：

1. 尤其是B6以及B12，更可幫助胎兒健康的發育、成長。
2. 因此，多攝取堅穀類，以及乳製品。

◎纖維素：

1. 懷雙胞胎的媽咪，更要多攝取纖維素，最好每天可以攝取50克。
2. 從蔬菜、水果跟穀物類多攝取，以免造成便秘的症狀。

產檢：

1. 對懷雙胞胎的媽咪、胎中的胎兒，若體重相差甚多，亦有可能造成死胎、發育不良的現象。
2. 因此，更要注重產檢，定期追蹤檢查胎兒的成長情況。
3. 懷孕雙胞胎的媽咪，更要注意妊娠糖尿病及妊娠毒血症。

中醫

說明：在傳統中醫認為懷雙胞胎的媽咪，可依妊娠症狀來加以診斷、治療。

安胎：

1. 建議雙胞胎，在前三個月，容易流產的機率較高。
2. 若有腰酸、腹痛、出血的現象，更建議安胎到前三個月。

3.治療用藥

(1)治則：一般中醫可用補氣、養血、調腎氣的方藥來改善。

(2)臨床症狀：懷雙胞胎的媽咪更容易會有貧血的現象。

(3)飲食、方藥：除了飲食當中多攝取鐵質的食物，建議可搭配中藥補血的方劑，例如歸脾湯。

妊娠症狀：

子暈

1.妊娠時期：雙胞胎的媽咪很容易在妊娠晚期，出現眩暈的現象，在中醫稱為「子暈」。

2.原因：這是由於懷雙胞胎的媽咪，她的精血須聚集養胎，因為懷的是雙胞胎，而導致頭部的血液較容易缺氧，因此更容易產生眩暈的現象。

3.治療用藥：

(1)治則：此時在中醫可用提氣、養血的方藥來改善。

(2)方藥：如八珍湯或聖愈湯。

子腫

1.妊娠時期：懷雙胞胎的媽咪在後半、中後期，更容易會水腫、下肢腫脹，這在中醫稱為「子腫」。

2.原因：一般認為與脾虛、腎虛、氣滯的情況有關。

3. 日常生活注意事項：

（1）飲食上避免吃太鹹、太重口味的食物。

（2）多將腳抬高。

4. 治療用藥：

（1）治則：在中醫可用健脾、補腎的方藥來改善。

（2）方藥：如濟生腎氣丸。

建議藥膳茶飲

組成：可用黃耆一兩、當歸二錢、紅棗五顆、枸杞 三錢。

作法：用800cc的水煮沸後，轉成小火，煮約5分鐘，放溫，即可飲用。

功效：

1. 此道茶飲可改善懷雙胞胎的媽咪，貧血及容易眩暈的症狀。

2. 具有補氣、養血的作用。

（三）原發與續發性經痛辨別點在器質病變

西醫

說明：痛經通常可分為原發性以及續發性兩種。

病因分型：

1.原發性痛經

◎病因：「原發性痛經」指經痛始於初經，無生殖器官的病變，通常與體內前列腺素過度分泌有關，又稱為「功能性的痛經」。

◎症狀：

（1）通常，此類經痛在月經來前幾小時會出現。

（2）此外，還會出現疲倦、眩暈、頭痛、噁心、脾氣暴躁等症狀。

2.續發性痛經

◎病因：「續發性痛經」出現得較晚，通常二、三十歲以後才開始，因生殖器官病變所引起，如子宮內膜異位、盆腔炎、子宮黏膜下肌瘤等。

中醫

辨症分型：

1.氣滯血瘀型

◎症狀：臨床上可分為氣滯血瘀型，常見症狀，經行下腹悶痛，血塊排出後較為緩和。

◎方藥：通常可用清經散。

2.血瘀胞宮型

◎症狀：血瘀胞宮型，在行經時會小腹冷痛，經色較暗淡。

◎方藥：可用當歸四逆湯。

3.寒濕凝滯型

◎症狀：寒濕凝滯型，於經行，下腹墜痛、有血塊、或經行延後、會身體酸痛。

◎方藥：可用少腹逐瘀湯。

4.氣血虛弱型

◎症狀：若氣血虛弱型，則經色淡紅、週期不定、經行腹痛、或下墜感、臉色蒼白、容易疲倦。

◎方藥：可用聖愈湯。

芎歸痛經雞湯

◎藥材：當歸二錢、川芎二錢、益母草三錢、香附三錢、烏骨雞腿1隻、鹽、蔥花、米酒少許。

◎作法：

1.將肉切塊，川燙後，去血水備用。

2.藥材用800cc的水煮沸之後，轉成小火，煮約500cc，瀝出湯汁，加入雞塊煮熟，即可食用。

◎功效：此道藥效可幫助改善氣滯血瘀型的痛經。

◎藥材功效：

1.當歸可活血、補血。

2.益母草、烏藥可行氣、止痛、活血。

◎建議按摩穴位：

1.可按摩三陰交、合谷、血海。

2.若是虛寒性痛經，可灸氣海跟關元。

◎生活注意事項：

1.禁食生冷的食物，如橘子、瓜類、大白菜、菜頭。

2.避免過度勞累、受寒。

3.養成規律的生活，增強身體體質。

4.維持心情愉快。

5.不要一味地服用止痛藥。

6.經期盡量避免性生活。

（四）卵巢膿瘍如何用中醫改善治療

西醫

說明：

1. 卵巢膿瘍是骨盆腔炎的併發症，通常會出現下腹疼痛、發燒等症狀，嚴重時，會造成腹腔的沾粘，而引發不孕症。
2. 主要病因是細菌從陰道上行，子宮感染所致，所以當婦女抵抗力弱，身體機能較差時，便容易出現卵巢膿瘍。
3. 而發生卵巢膿瘍的婦女，若嚴重會破壞輸卵管，導致阻塞的問題。

中醫

分期治療：

1. 方藥治療

（1）若是急性期，在傳統中醫可用清熱、解毒的方藥，如龍膽瀉肝湯。

（2）若為慢性期時，可用清熱、活血的方藥，如丹梔逍遙散，加上五味消毒飲。

2. 熱敷以及針灸治療：當慢性期時，可配合熱敷以及針灸穴位。

穴位：可選用合谷、三陰交、陰陵泉、太衝、血海等穴位。

3. 日常生活、預防：

（1）在日常生活、預防方面，女性要盡量保持陰部的衛生。

（2）避免性生活的氾濫。

（3）還有，注意增強身體的抵抗力。

（4）若有發炎的期間，避免使用生冷、烤、炸、辣的食物，以免影響婦女，產生進一步沾粘的問題。

建議藥膳茶飲：

組成：可用黃耆五錢、蒲公英三錢、甘草一錢、魚腥草二錢。

作法：用800cc的熱水煮沸後，轉成小火，煮約五分鐘，放溫，即可飲用。

功效：

1. 此道藥膳可改善卵巢膿瘍慢性期導致的腹盆腔發炎。

2. 具有增強身體抵抗力，以及清熱，達到消炎的作用。

治療用藥：

1. 症狀：若要進一步幫助將患者的卵巢膿瘍，從體內吸收、代謝掉。

   方藥：可用清熱、瀉肝的方藥，如龍膽瀉肝湯，加上少腹逐瘀湯。有助於囊腫在體內的吸收、代謝。

2. 症狀：若有遺留沾粘的問題。

   在中醫可從活血、破血的方向來調理，如散腫潰堅湯，加上桂枝茯苓丸。

3. 症狀：若影響到卵巢的功能，造成月經不正常的排卵，於緩解期。

   方藥：可用補腎陰、補腎陽，加上清熱、活血的方藥來改善調理。

4. 症狀：若造成慢性的腹盆腔發炎，經常引起白帶、腹痛、腰酸等症狀。

   方藥：可用清熱、止帶、理氣、止痛的方藥，如當歸芍藥散，加上香附、延胡索及黃連解毒湯。

（五）更年期缺乏雌激素腎氣衰、心病生

西醫

病因：

1. 更年期後，由於女性荷爾分泌降低，心血管疾病的發生率會隨之增加。
2. 主要是由於高血壓跟動脈硬化所引起的冠狀動脈疾病，因此，會因為血脂肪增加，也就是膽固醇、三酸甘油脂越來越高，增加冠狀動脈疾病的危險性，所以，更年期婦女要預防心血管疾病。

日常注意事項：

1. 在飲食上，平日要多使用葵花子油、玉米油等含飽和脂肪酸較低的植物油。
2. 儘量少食用含牛油、豬油等肥肉較多的食物，多吃植物性食物。
3. 控制動物性蛋白，少吃蛋黃加海鮮、內臟等高膽固醇的食物。
4. 限制酒精的攝取。
5. 此外，鹽的攝取量要少於6公克。
6. 若有糖尿病、高血壓、高血脂、心臟病等家族等，更

要注意心血管方面的疾病。

中醫

病因病機：

1. 在傳統中醫對更年期敘述《內經・上古天真論》所說：「女子七七，任脈虛，太衝脈衰少，天癸竭，而地道不通，故形壞而無子。」指的就是更年期女性在49歲左右，因腎氣弱，所造成身體機能方面的退化。
2. 因此，更年期婦女要注意，血壓方面的穩定、血脂是否有升高。
3. 若是臉部常會僵硬，潮熱、手酸、手麻，便要注意是否有這些心血管的問題。

辨證論治：

第一種類型，在傳統中醫認為屬於腎虛血瘀型

1. 因腎氣虛，而致身體退化，血液循環不佳，而有瘀症的現象，故使得血管容易硬化，引起心血管的問題。
2. 症狀：臨床上可見胸悶、心悸、臉紅、腰酸、手麻等症狀。
3. 方藥：故可用補腎、通血脈的方藥，如血府逐瘀湯，加上六味地黃丸。

第二種類型，為陰虛陽亢型

1. 為腎陰虛的體質，因肝風內動，而引發血壓升高。
2. 症狀：臨床可見此類患者口乾、手足心熱，小便黃、頭暈、血壓升高、胸悶。
3. 方藥：宜用方藥，如天麻釣藤飲，加上知柏地黃丸。

穴位按摩：可選用陽陵泉、足三里、內關、三陰交、風池。

建議藥膳、茶飲：

組成：可用黃芩3錢、天麻2錢、山楂2錢。

作法：用600cc的水煮沸後，轉成小火，煮約5分鐘，放溫，即可飲用。

功效：此道藥膳可改善更年期女性體內的虛火，與軟化血管的作用，促進心血管的血液的循環。

（六）剖腹產與自然產中醫調理

西醫

自然產

說明：

1. 若是胎兒體重沒有超過3500克，而且準媽媽有足夠寬廣的骨盆腔及產道，便可以順利的自然分娩。
2. 通常為了順利讓胎頭產出，會實行會陰切開術。

優點：

1. 出血較少，比較少有其他的併發症，復原的速度會比較快。
2. 肚子不會留下開刀的疤痕，只有收縮的輕微痛。

缺點：

1. 是會陰部剪開有傷口。
2. 通常產後3到5日仍會隱隱作痛。
3. 日後比較會有陰道的鬆弛，尿失禁的問題。

剖腹產

說明：

1. 通常是因為經過醫師診斷，胎兒過大、胎位不正、前置胎盤、產婦的骨盆腔狹小，以及無法自然產的情況下。

2. 而採用腹部切開腹壁及子宮壁，取出胎兒，再清理子宮內的胎盤及胎膜後，縫合傷口即成。

優點：

1. 可以不用飽受陣痛的痛苦。
2. 或因為某些原因無法自然分娩時，此時剖腹可以挽救母、嬰的生命。

缺點：

1. 是生產完後，會有子宮收縮以及肚皮傷口的疼痛。
2. 此外，還有傷口沾黏、感染、麻醉等併發症。
3. 產後必須禁食，在排氣後才可禁食。
4. 產婦的恢復速度較慢，比較容易腰酸背痛，而且沒辦法立刻下床活動。

中醫

說明：

1. 中醫對於剖腹產，以及自然產的婦女，通常會建議剖腹產者，因子宮清理較為乾淨，生化湯服用的帖數，約3到5帖；而自然產，可服用到5帖至10帖。
2.

（1）而剖腹產因為有傷口發炎的現象，較建議在藥膳調理上，麻油的劑量可少放一點，或者可用茶油來取

代麻油。

（2）剖腹產手術後，建議可使用束腹袋，以減少傷口的疼痛，以及鬆弛肚皮的搖晃，而牽扯到傷口痛，和必須要注意勤換紗布，碘酒消毒，避免傷口的感染，待傷口癒合較完全，亦可貼上美容透氣膠帶，降低疤痕的形成。

（3）若傷口有紅腫、發炎的現象，就要及時就醫處理。

坐月子4階段：

不論是剖腹產或自然產，建議還是依照坐月子4階段來調理。

1. 第1週以生新血、排惡露，幫助子宮將惡露排出。
2. 第2週可加強顧筋骨的方藥。
3. 第3、第4週，則可大補氣血。

建議藥膳：

1. 剖腹產因為有傷口，所以建議多使用一些促進傷口癒合的藥膳。
2. 以下介紹一道剖腹產，促進傷口癒合的藥膳。

   中藥藥材：黃耆五錢、紅棗五顆、枸杞三錢。

   食材：鱸魚1條。

   作法：將藥材放入鍋中，加入800cc的水，將鱸魚洗淨、切段後放入，加點薑絲，煮沸後，轉成小火，煮至魚肉熟，即可食用。

（七）燥濕清熱、解毒藥改善菜花

西醫

說明：菜花的醫學名詞是「尖圭濕疣」，也叫做「陰部濕疣」或「性濕疣」，是一種人類乳頭狀瘤濾過性病毒所引起，大部份是因為性行而傳染。

1. 由於此病毒的傳染力很強，尤其喜歡在陰濕、不潔的環境下感染。
2. 通常，濕疣的傳染力很強，平均二到三個月，通常長出的位置於男性的龜頭、包皮、陰莖；女性則在大小陰唇的部位，通常，男性和女性都會感染此病毒。
3. 此外，還容易引起出血、排尿不順暢、異味的症狀。

預防的方法：

1. 穩定的性伴侶，以及注重個人衛生，儘量正確的使用保險套。
2. 在穿著上儘量保持陰部的舒適，不要穿太緊的牛仔

褲，而且經常換洗內衣褲，保持清爽、衛生。

3. 若有症狀時，儘量避免性行為。

4. 若女性有外陰的感染，應儘早治療。

中醫

病因病機：在傳統中醫認為菜花是由於濕毒，以及脾虛，而導致腎氣虛弱感染而來。

濕毒

症狀：外陰部、肛門通常會有扁平物的菜花狀，通常會感到騷癢不適，白帶會黃。

方藥：可用燥濕清熱、解毒的方藥，如板藍根、茯苓、銀花、連翹、赤芍、薏苡仁、甘草。

脾虛

症狀：外邪入侵，通常體質虛弱，容易反復發作，有小便頻尿、白帶多，舌胖、脈細弱。

方藥：可用益氣健脾、化濕毒的方藥，如黃耆、黨參、白朮、薏仁、蒲公英、白花蛇舌草、牡丹皮、甘草。

藥膳茶飲

組成：可用薏苡仁三錢、地膚子三錢、白鮮皮二錢。

功效：可改善菜花所引起的陰部騷癢、白帶黏稠等症狀，達到利濕、解毒、止癢、燥濕、止帶的作用。

（八）用中醫來安胎

說明：

1.臨床上有哪些人需要安胎？

懷孕婦女有腹痛、腰酸、出血的現象，是有早期流產的現象，需要多臥床，加以安胎，若是忽略的話，就容易造成早期的流產。

2.而中藥的安胎藥跟安胎針的差異在哪？

◎西藥：針對初期懷孕有流產現象者，大多會用打以黃體素來安胎。

◎中藥：中藥方面會認為流產發生的病因病機，跟母體與胎原有兩方面的因素有關。

中醫

在胎原方面

就是說胚胎本身，如果有問題，不夠好，也就是本身有缺陷，就容易造成流產的現象。

在母體方面

1. 正氣虛弱：母體若是因為正氣虛弱，會導致胎失所養，便容易胎動不安，此時，可用補腎安胎的方藥，來補養懷孕婦女的氣血。

   常用的方劑：壽胎丸。

   組成：菟絲子、桑寄生、續斷跟阿膠。

   方解：菟絲子具有補肝腎、滋養強壯體質的作用；桑寄生、續斷有安胎、顧筋骨的作用；阿膠有補血、養血的功效。

2. 氣血虛弱：本身體質氣血較虛弱，脾胃就容易虛損，更容易引起妊娠、惡阻的加重，而導致腎氣不足，胚胎失於滋養，而致胎死不下。

   治療方藥：八珍湯，加上杜仲、續斷。

   組成：八珍湯是由四物湯加上四君子湯所組成，有當歸、芍藥、川芎、熟地、黨參、白朮、茯苓、甘草，達到氣血雙補的作用。杜仲與續斷有強腎安胎的功效。

3. 肝鬱：懷孕婦女情緒煩燥，導致肝鬱，阻礙了氣機，也容易引起妊娠、腹痛，導致流產。

治療方藥：可用疏肝、理氣、安胎的紫蘇飲，加上桑寄生、菟絲子、巴戟天。

組成：蘇葉、茯苓、陳皮、半夏、當歸、白芍、黨參、大腹皮、甘草、川芎。

方解：紫蘇、陳皮、大腹皮有健脾、理氣、消除脹氣的作用；當歸、白芍可養血、柔肝、安胎；黨參有補氣、健脾；桑寄生、菟絲子有滋補肝腎、安胎的效果。

功效：因此，此方劑具有調養肝氣、養血、安胎的功效。

生活守則：

1. 需要安胎的婦女，除了用中藥調理之外，平時不宜提重物，不宜過度勞累，更須要節制房事。
2. 生冷的飲料、食物更是禁忌。
3. 保持外陰的清潔
4. 儘量避免風寒。
5. 少食用有損害胎兒發育的食物。
6. 維持大便的順暢，以免用力排便時，腹壓升高，導致陰道出血。
7. 多食用一些容易消化而有營養的食物，如魚類、蛋奶

類、含有豐富鈣質、鐵質的食物、蔬菜、水果。

8. 在精神方面，儘量保持精神的愉快。

9. 若有不適，如腰酸、腹痛、出血，除用藥物治療外，應多臥床休息。

中藥：

臨床常用藥

◎補腎安胎藥：臨床上，常用的補腎安胎藥，首選有菟絲子、杜仲、續斷、桑寄生。

◎補氣健脾安胎藥：補氣健脾安胎藥，可選用黃耆、黨參、山藥、茯苓、白朮。

◎補血安胎藥：補血安胎藥可選用阿膠、熟地、枸杞、山茱萸。

建議藥膳：

組成：可用杜仲五錢、續斷三錢、枸杞三錢、紅棗五枚，燉雞湯喝。

功效：具有改善懷孕腰酸安胎的作用。

（九）婦女更年期後的心臟病

西醫

說明：心臟病，尤其是冠心病，是更年期婦女容易患上的疾病，主要是缺乏了雌激素，能夠幫助血液流暢以及穩定血壓的作用，因為，女性荷爾蒙能夠改變血液中膽固醇濃度，對心臟血管系統有保護的作用，而當進入更年期後，因為體內女性荷爾蒙分泌降低，而造成低密度質蛋白濃度升高，堆積在血管壁，發生動脈硬化，因而容易有心臟血管的疾病以及腦中風的疾病，因此，更年期的婦女要如何預防心臟病，首先要保持精神的愉快，充份的睡眠與休息少吃油脂及太鹹的食物少抽煙若有高血壓糖尿病者須追蹤治療

心臟病一般的症狀是：頭昏、心悸、胸部不適、呼吸短促、心律不整、胸痛、四肢冰冷、皮膚發紫。

更年期證候群在中醫稱為『經斷前後諸證』、『老年斷經復來』。

婦女在接近停經期前後，生殖內分泌系統失調衰退，即中醫所謂『腎氣衰弱』，引起『臟腑氣血陰陽不平衡』的現象，身體的如內分泌系統、心血管系統與自律神經系統等一下子無法適應，即所謂的更年期症候群。

傳統醫學在治療更年期心血管方面常用的方劑：

1. 二仙湯可改善腎陰陽兩虛更年期的高血壓。
2. 天王補心丹可改善心腎不交更年期的心悸潮熱、睡眠不好、情緒不佳、煩燥等有改善的現象。
3. 加味消遙散可改善腎陰虛的更年期潮熱、汗出。

改善更年期心血管問題的保健藥膳茶飲：

組成：菟絲子三錢、酸棗仁三錢、知母二錢

煮法：用800cc水煮沸後轉成小火煮約10分鐘放溫即可飲用

功效：滋補腎陰改善心悸失眠潮熱

（十）骨盆腔發炎多因邪熱癰盛、濕熱鬱結、氣滯血瘀

西醫

說明：

1. 骨盆腔炎常見的病原菌有淋球菌，這對輸卵管黏膜的破壞是最大，容易導致不孕。
2. 披衣菌通常會造成輸卵管的結疤，因為披衣菌可經由

生殖道管腔而上行感染，而導致盆腔炎。

3. 而淋球菌感染，通常發生於子宮頸管口，會有陰道黃綠色分泌物增加，若與披衣菌共同感染，會增加盆腔炎的危險性。

4. 結合細菌感染通常為原發病處上行性轉移而來，若是影響到盆腔的輸卵管，容易導致不孕。

中醫

病因病機：在傳統中醫認為盆腔炎是由於——

1. 邪熱癰盛：

通常是由於感染發炎，或者是手術不當、消毒不好、個人清潔不佳，而侵犯到盆腔，因熱毒進入血液，而傳播到骨盆，而引起生殖器官、下腹疼痛。

2. 濕熱鬱結：

是由於濕熱之邪，流注於下焦，導致氣血阻滯，或者是產後受到濕熱之邪的侵犯，而受到瘀阻、衝任不暢，而發病。

3. 氣滯血瘀：

因為濕熱，或病後邪氣未除，而導致盆腔氣血的瘀滯，產生疼痛。

4. 脾虛、濕瘀互結：

由於飲食勞倦，而導致脾虛、運化失調，而流注於下焦，損傷衝任，導致盆腔發炎。

中醫治療

臨床治療：

1. 通常在中醫臨床的治療上，根據發炎、疼痛的性質、部位、程度、時間，以及白帶、月經狀況，來辨別是屬於熱毒、濕熱，或者是血瘀。
2. 所以在治療上，若是急性盆腔炎者，必須治療徹底，否則轉成慢性，容易導致長期慢性發炎。

治療方藥：

1. 邪熱壅盛型：可用清熱解毒、活血止痛的方藥。
   方藥：如五味消毒飲。
2. 濕熱蘊結型：可用清熱除濕、活血止痛的方藥。
   方藥：如解毒活血湯。
3. 血瘀氣滯型：可用軟堅散結、理氣止痛的方藥。
   方藥：如桂枝茯苓丸。
4. 脾虛、濕熱互結：可用健脾化濕、活血化瘀的方藥。
   方藥：如完帶湯，加上赤芍、桃仁、丹皮。

穴位按摩：可選擇三陰交、太衝、足三里、陰陵泉。

功效：透過穴位的按摩、理療，可以加速炎症、瘀血的吸收、軟化，使得沾黏組織鬆解。

治療法則：

1. 慢性盆腔發炎的婦女也應該積極、徹底治療，加強衛生、護理，注重飲食均衡。
2. 而本病的發生，以少腹疼痛為主要症狀，大多是由於邪毒、濕熱，侵犯衝任、胞宮，還有因為體質虛弱，而導致瘀滯、發病，因此，在診斷病症上，要結合相關的檢查。

生活守則：

1. 減少婦女發炎，重要就是杜絕邪毒的入侵。
2. 在做任何手術、檢查，要注重消毒、清潔。
3. 平時多鍛鍊體質、多運動。
4. 不吃生冷、烤、炸、辣、上火的食物。
5. 在月經期，儘量注重個人衛生。

藥膳、茶飲調理：

組成：薏苡仁五錢、銀花三錢、甘草一錢、丹參三錢。

作法：用800cc的熱水煮沸後，轉成小火，煮五分鐘，放冷，即可溫服。

作用：可改善濕熱、邪毒型的腹盆腔發炎，而達到清熱解毒、去濕、活血、止痛的作用。

（十一）抗精子抗體陽性屬於男性免疫性不孕問題

西醫

說明：何謂「免疫性的不孕」？

1. 類型

同種免疫：所謂精子的「免疫性不孕」，就是太太的免疫系統攻擊先生的精子，這是屬於「同種免疫」。

自體免疫：當先生的免疫系統攻擊自己的精子，或太太的免疫系統攻擊自己的卵子，這就是屬於「自體免疫」。

2. 所以當血液循環體液中，抗精子抗體過高，超出了正常範圍，使得精子產生了自生凝集，或者是活動力受限，自然就會導致所謂的「免疫性不孕」。

為什麼會發生「男性免疫性不孕」呢？

當男性的免疫系統攻擊自己的精子時，在血液中便可以檢驗出抗精子抗體，在男性的血液循環當中，免疫系統若對精子不利，為了保護精子，睪丸於血液循環當中就會出現了所謂的「血睪屏障」，一旦這個屏障受到了破壞，就會對精子產生不利的反應，所以當男性有副睪丸炎、睪丸炎，或精囊炎時，就會引起精子本身的自體免疫。

如何診斷免疫性不孕？

就是在血清中，或是子宮頸免疫發現抗精子抗體屬於陽性，或性交後，檢驗子宮頸黏液中精子的數量、活動力，若少於5000個的話，或者精子有原地打轉、活動遲緩，甚至不活動。

中醫

中醫治療方法：

方藥治療

◎腎陰虧損：大多此種男性的體質，有因為是腎陰虧損，體質太過燥熱，而導致腎陰不足、精血虧損，而無法懷孕。

方藥：因此，可用滋陰抑抗的知柏地黃丸。

◎濕熱下注：此外，若是因為濕熱下注，而侵犯到睪丸，而引起了睪丸炎、精囊炎，或者是副睪丸炎。

方藥：可用清濕熱、抗免疫、助孕的方劑，如龍膽瀉肝湯。

◎腎氣失調：還有，由於腎氣失調，使得體內代謝不好，阻礙了身體的氣機，而產生氣滯血瘀的現象。

方藥：可用補腎、健脾、活血的方藥，如血府逐瘀湯，加上濟生腎氣丸。

日常生活：

1. 日常生活要注意，避免長時間過度興奮，或者是手淫過度。
2. 若男性有睪丸炎、精囊炎，或副睪丸炎時，要及早治療。
3. 還有，可用保險套避孕3到6個月，而避免精子抗原對女方進一步的刺激，在抗體消失後，再於排卵期性交，亦有助於受孕。
4. 此外，還可搭配中藥來調理體質，治療免疫性的不孕，消除體內所產生的抗體。

養生藥膳：

作法：可用生地兩錢、山藥三錢、知母兩錢、菟絲子三錢，用800cc的熱水煮滾後，轉成小火，煮約10分鐘，熄火，放溫，即可飲用。

功效：主要可改善男性免疫性不孕、腎陰虛的體質。

（十二）習慣性流產懷孕3個月內為關鍵調理期

西醫

說明：「習慣性流產」是指自然懷孕，而自然流產連續3次或3次以上。

主要病因：

◎胎兒因素

1. 染色體異常：主要的病因，在胎兒因素方面，由於染色體的異常，即所謂的「萎縮卵」。
2. 胎盤缺陷：若是晚期流產，跟胎盤的缺陷，以及子宮腔不正常較有關係。

◎母體因素

1. 感染、發炎：在母體因素方面，由於感染、發炎，而導致胚胎死亡，或胎死腹中。
2. 生殖道異常：或者是因為生殖道的異常，如子宮閉鎖不全、子宮肌瘤、子宮內膜異位等。
3. 內分泌失調：其它如內分泌失調，因為黃體素的不足，而子宮內膜無法形成良好的營養，而發生早期流產的現象。
4. 營養不足：還有，營養不夠，造成體重嚴重的流失，

也是造成流產的因素。

5.其它因素：

a.若是母親年紀較大，高齡產婦。

b.或者是與胎兒血型不相容。

c.或因抽血、吸毒、喝酒。

d.吃了過敏的藥物，亦有可能造成流產。

中醫

病因病機：中醫認為，習慣性流產的病因病機，可分為胎元方面以及母體方面2大類。

1.胎元方面：

是由於胚胎不夠牢固，父母的先天精氣不足，而引起了所謂的「胎漏」、「胎動不安」、而導致小產，以及流產。

2.母體方面：在母體因素方面，由於：

（1）腎虛：因為先天條件不好，體質腎氣虛弱，而導致衝任不固，而胎失所養。

治療法則：可用補腎安胎、補養氣血的方藥，如壽胎丸。

（2）氣血虛弱：由於體質氣血虛弱，而損傷了脾胃，導致腎氣不足，使得胚胎失於濡養，而胎死腹中。

治療方藥：可用八珍湯。

(3) 肝鬱：因為懷孕時，氣機不順，而導致肝滯鬱結，損害了氣機，而引起胎動不安。

治療方藥：可用紫蘇飲，加上桑寄生、菟絲子。

(4) 外傷：若因懷孕期間不小心跌倒，而導致無法載胎養胎，而損傷了衝任，干擾了胎氣，因而產生胎動不安的症狀。

3.治療方藥：可用益氣和血、固腎安胎的方藥，如聖愈湯，加上桑寄生、續斷。

生活守則：

1.若有習慣性流產的婦女，除了懷孕後前3個月要用中藥調理外，平時也不宜提重物。

2.不要過度地勞累。

3.禁食生冷飲料，以及烤、炸、辣、刺激的食品。

4.而且，儘量不要食用損害胎兒發育的藥物。

5.以及，保持大便的順暢，因過度用力時會造成腹壓增加，而導致出血。

6.還有，保持外陰的清潔。

7.嚴禁房事、登高、攀爬，避免跌倒、挫傷。

8.還有，在懷孕期間要儘量保持心情愉快，避免過度疲勞。

9.若有腰酸、腹痛、出血的現象，除了要服用安胎藥物

之外，還要盡量多臥床休息。

藥膳：

適用情況：由於黃體素不足，而導致有流產的現象。

組成：這時可用菟絲子三錢、桑寄生三錢、續斷三錢、阿膠二錢，燉雞湯喝。

功效：具有安胎，改善胎漏、腰酸的作用。

（十三）子宮外孕調養重補腎及氣血

西醫

說明：

1. 子宮外孕是生育、孕齡婦女常見的急性腹痛，病因是受精卵在子宮腔以外的地方發育者，稱為「子宮外孕」。
2. 通常好發於輸卵管、卵巢、腹腔、子宮頸，其中以輸卵管子宮外孕最為多見。

病因：

1. 其病因是由於輸卵管發炎。

2.或者是輸卵管曾經做過手術。

3.若是使用子宮內避孕器者，機率亦較高。

4.或者是因為子宮肌瘤、卵巢腫瘤壓到輸卵管，而阻礙到受精卵的進行。

臨床症狀：

1.臨床症狀可見停經、腹痛、不規則的出血。

2.嚴重者會昏厥、休克，而腹部按壓會有腫塊的現象。

3.通常超音波檢查，子宮雖有徵兆，但是子宮腔內並未看到受精卵。

4.或者是血中hCG的含量偏低，甚至出現了貧血、臉色蒼白、血壓下降等症狀。

治療：

在治療方面——

1.期待治療：是對子宮外孕不做任何處理，而待受精卵自然死亡、吸收。

2.中藥治療：通常是由於血中的hCG有呈現下降的趨勢，以及基礎體溫低於36.6度時，此時，可適合用中藥幫忙，促進受精卵的萎縮。

(1) 基本處方：其基本處方可用活血化瘀、行氣理氣的方藥。

方藥：如桃仁、赤芍、枳殼、丹參、木香、天花粉、皂角刺。

（2）若出血較多時：

方藥：可用益母草、川七粉。

（3）若有瘀血內結者：

方藥：可用生蒲黃、五靈脂。

（4）若有硬塊者：可加上軟堅散結的方藥。

方藥：如牡蠣、薑黃、莪朮。

3. 手術治療：如較危急狀況的子宮外孕者，可用西醫腹腔鏡手術，將輸卵管切除。

4. 復發治療：通常若是一邊有子宮外孕的病患，另一邊子宮外孕的機率比一般人高出2到3倍。

（1）沾粘現象：因此，在臨床上，若將子宮外孕處置後，怕下次懷孕另一邊輸卵管有沾粘的現象時，而致外孕，可用活血化瘀、理氣、軟堅散結的方藥。

方藥：如血府逐瘀湯，加上桂枝茯苓丸，加上枳殼、沒藥、路路通。

功效：亦可改善輕微的子宮、輸卵管沾粘。

（2）發炎現象：若有發炎現象，可再加上清熱解毒的方藥。

方藥：如黃芩、蒲公英、銀花。

中醫

病機：中醫認為子宮外孕所致的病機，是由於邪熱、濕熱鬱結，以及氣滯血瘀，夾雜腎陽虛的體質。

穴位治療：

1. 可按摩三陰交、太衝、足三里、陰凌泉等穴位，每天10分鐘至15分鐘。
2. 對穴位的熱敷與按摩，是一種內病外治的方法。

   功效：最主要是達到扶正固本、調節生體機能、促進腹盆腔的血液循環，而加速體內發炎物質的吸收、代謝。

日常生活注意事項：

1. 在做婦科檢查，主要注意乾淨、消毒、預防發炎。
2. 平時忌食烤、炸、辣、上火的食物，最好不吃生冷。
3. 多運動、多鍛鍊體質。
4. 還有，注重個人衛生，保持心情愉快及排便的順暢。

（十四）乳癌鞏固期中醫調理

西醫

說明： 乳癌，臨床上常見的症狀有摸到不曾發現的腫塊，不會痛，或者是乳頭有凹陷，乳暈處有不明的分泌物，乳房表面出現橘皮樣的變化，甚至有紅腫、潰爛的現象，還有，腋下摸得到腫塊。

什麼樣的人跟族群，比較容易罹患乳癌呢？

1. 十二歲之前有初經來者。
2. 生第一胎時，大於三十歲。
3. 終身不孕，或無餵母乳。
4. 更年期後發胖的婦女。
5. 一等親內有罹患乳癌者。
6. 體內賀爾蒙長期異常。
7. 嗜吃高脂肪食物者。
8. 乳房有纖維囊腫者。

中醫

說明：就傳統中醫學，在元朝名醫朱丹溪，首度提出「乳癌」之名，他描述的症狀為「初起乳中結核，不紅熱、不腫痛，年月久之，始生疼痛，痛則無己，未潰時，腫如覆碗，形如堆栗，紫黑堅硬，穢氣漸生。已潰時，深如巖穴，突如泛蓮，痛苦連心，斯時始五臟俱衰。」可見傳統醫學對乳癌在早期，必有所認識。

治療方式：傳統中醫通常是以補養氣血，軟堅散結，活血化瘀，和滋陰養血為主。

藥物治療：依症狀階段

方藥：

1. 軟堅散結：軟堅散結的方藥，可用散腫潰堅湯。
2. 活血化瘀：活血化瘀的方劑，可用桂枝茯苓丸。
3. 滋陰養血：滋陰養血，可用六味地黃丸，加上當歸、生地。

中藥：

1. 補氣養血：補氣養血，可用黨參、黃耆、當歸、白朮、茯苓、靈芝等中藥。
2. 軟堅散結的中藥：軟堅散結的中藥，可選用牡蠣、龜板、夏枯草、玄參、貝母。

3. 消瘀散結：消瘀散結的方藥，可用川七、三稜、莪朮等中藥。

預防乳癌：

1. 預防乳癌，平時要避免心情抑鬱、煩悶，儘量保持樂觀，飲食均衡，多食用含鐵、清涼、和胃為主的食物。
2. 此外，乳房自我檢查，跟X光乳房攝影也是非常重要的。

藥膳茶飲：

◎黨參薏仁湯：

材料：黨參三錢、薏苡仁五錢、甘草一錢、白花蛇舌草五錢。

作法：將藥材用過濾袋包好，放入鍋中，加入800cc的熱水，煮沸後，轉小火，煮至薏苡仁熟，熄火，放溫，即可飲用。

功效：此藥膳茶飲具有補氣健脾、清熱解毒的作用，可改善乳癌患者的體質。

（十五）卵巢早衰症中醫調理

西醫

說明：「卵巢早衰」是指有規則月經的婦女，在四十歲以前，發生卵巢功能衰退，而導致閉經的現象。

病理現象：發現有促性腺激素上升，以及雌性激素下降的現象。

病因病機：目前，其病因病機在西醫認為機轉並不明確。其發病原因是由於先天性濾泡過少，或性染色體異常所致，通常，有些病人會合併有自體免疫疾病，如愛迪生氏症、甲狀腺炎，或類風濕性關節病等。

治療方式：治療度較困難，通常採用荷爾蒙治療方式。

臨床症狀：

1. 臨床上常見的症狀表現有突然地閉經、月經過少，或長期的閉經現象。
2. 也有少數的病例在月經初潮後，一、二次月經期，發

現閉經的症狀。

更年期的症狀： 此類患者，由於女性激素低落，因此，會有更年期的症狀，如潮紅、出汗、煩燥、陰道乾澀、性交困難等心血管的問題，以及導致不孕。

卵巢早衰的預防方法：

1. 平時多運動、增強體質。
2. 在飲食方面，注重營養、不可偏食。
3. 生活作息規律。
4. 不要抽煙、喝酒。

中醫

辨症論治： 中醫對本病的看法，認為屬於肝腎陰虛的辨症，因此，對此病有這樣的論述：「女子月水先閉，腎水絶，則木氣不榮，而四肢乾痿，故多怒，髮、筋骨痿，則五臟傳遍則死，宜用益陰血制虛火。」

藥物治療：

1. 因此，在臨床上用藥，可用補腎陰的方藥來加強人體腦下垂體，促性腺的功能。

   方藥：如右歸丸。

2. 亦可再加上補血的方藥，來促進補腎陰方藥的功效。

   方藥：如血府逐瘀湯。

針灸治療：臨床上針灸治療，可針三陰交、足三里、血海、合谷、陰陵泉等穴位。

更年期的症狀：若有更年期的症狀，可依更年期的現象，加減用藥。

1. 如容易煩燥、潮熱、易怒等。

   方藥：可用加味消遙散。

2. 平時容易感冒、發汗、疲倦。

   方藥：可用生脈飲，加上玉屏風散。

臨床上經驗：大多依其病人體質、症狀治療，但亦有少數病例改善，有正常排卵，因而受孕的案例。

（十六）調理子宮肌瘤
從活血化瘀、清熱解毒著手

說明：所謂的「子宮肌瘤」也就是「子宮平滑肌瘤」。

分類：通常可分為三大類。

1. 漿膜下肌瘤：由子宮往腹腔內生長，症狀較不明顯。
2. 黏膜下肌瘤：往子宮內腔生長，臨床症狀較明顯，以經血量增加為臨床症狀。
3. 肌層內肌瘤：位於子宮肌層內，是臨床上較常見的形態。

臨床症狀：子宮肌瘤臨床常見的症狀有月經增加、骨盆腔慢性疼痛、性交疼痛、痛經、頻尿、腎積水、便祕、不孕。

西醫療法：臨床上，常見肌瘤愈大時，會明顯地月經量增加，以及有血塊，若造成病患貧血的現象，西醫通常採取手術切除，若腫瘤較小，而無臨床症狀時，大多採用追蹤觀察、保守治療。

中醫傳統療法：通常可用中醫傳統療法來治療的子宮肌瘤，最好小於六公分，效果會較好。

傳統醫學：

病機：在傳統醫學認為，子宮肌瘤是由於氣滯血瘀，或由於氣虛、痰瘀、痰凝、陰虛所造成。

病因：子宮肌瘤的病因，屬於崩漏、帶下、癥瘕的範圍。

古籍記載：在古籍《校注婦人良方》有記載：「婦人腹中瘀血者，由月經閉積，或產後瘀血未盡，或風寒滯瘀，久而不消，則為積聚癥瘕矣。」。

中藥療法：用中藥療法，可根據病人的病情，通常用活血化瘀、化痰、補氣益腎，加上軟堅散結的中藥。

◎血瘀：可用活血化瘀的方藥，如桂枝茯苓丸。

◎肝鬱氣滯：氣滯、肝鬱氣滯，可用疏肝解鬱的方藥，如加味消遙散。

◎痰濕：可用化痰去濕的方藥，如溫膽湯。

◎體質虛弱：可加上補氣益腎的方藥，如黃耆、黨參、牛膝、杜仲。

穴道療法：

◎月經量多：可選用關元、血海、三陰交、足三里、脾俞，可改善月經量多。

◎腰痛：若會腰痛，可加上腎樞、八髎穴。

◎痛經：痛經可選用合谷、三陰交。

（十七）女性常見低血壓

說明：

1. 本態性低血壓：青少年大多所罹患的低血壓，有時是因為遺傳所造成的，稱為「本態性低血壓」。
2. 繼發性低血壓：而繼發性的低血壓，大多是因為疾病所產生，大多為中老年人時發現。
3. 低血壓：而何謂「低血壓」？也就是所謂收縮壓在90～100mmHg以下，而舒張壓在50～60mmHg以下時。

病因：通常產生低血壓的病因，除了因為遺傳性所產生的本態性低血壓之外，跟以下四種因素有關：

1. 心臟疾病：由於心肌梗塞，或大動脈瓣狹窄，影響心臟搏出血液的功能，而導致循環障礙，引起低血壓。
2. 大出血：因外傷、手術的大出血，而引起暫時性的低血壓。
3. 末梢血管擴張：因疾病而導致血管收縮，失去收縮功能，而導致血管擴張，因而產生低血壓。
4. 甲狀腺機能低下：當甲狀腺機能減弱時，會產生疲倦、畏寒，及低血壓的症狀。

常見症狀：常見低血壓的症狀有頭昏、頭痛、眼花、四肢冰冷、疲倦、頸肩酸痛、注意力不集中、胸悶、脹氣等現象。

如何防治產生低血壓：

1. 經常量血壓，注意血壓的變化。
2. 洗個熱水澡：可增加身體的血液循環，改善低血壓的症狀。
3. 充分休息：不要過度的疲勞，或睡眠不足，而導致血壓更低。
4. 避免久站或改變姿勢：當蹲下取物時，不要很快站起，應該要慢慢起來。
5. 注意環境：不要在太悶熱的環境，使得血管舒張、血壓下降。
6. 注意營養：多吃一些營養，而可調補的食物，如中藥的人參、核桃、紅棗、桂圓、黨參、黃耆等，都有助於改善低血壓。
7. 少吃一些降壓的食物：如苦瓜、海帶、山楂、夏枯草、芹菜等食物，而可在食物中多加一點鹽。
8. 多做養生運動：可增加心血管的功能，改善低血壓的症狀。

中醫

在中醫認為低血壓屬於眩暈、虛勞、昏厥等範圍。

◎本態性低血壓：大多由於脾胃虛弱、氣血兩虛。

◎繼發性低血壓：多屬於氣虛、陽虛、陰血虧虛，或氣陰兩虛所致。

方藥：

若是本態性低血壓——

◎脾胃氣虛者：可選用健脾補氣的方藥如補中益氣湯。

◎氣血雙虧者：可選用氣血雙補的方藥如十全大補湯，或八珍湯。

若是繼發性高血壓——

◎氣虛、陽虛者：可選用補腎陽的方藥如金匱腎氣丸。

◎氣陰兩虛者：可選用補氣養陰的方藥如生脈飲，或炙甘草湯。

附錄二

（一）孕婦吃藥安全及中醫調理

懷孕期間孕婦禁用的中藥：

◎絕對禁用：蛇青、附子、天雄、烏頭、野葛、水銀、巴豆、芫花、大戟、囪砂、地膽、斑蝥等。

◎禁用：水蛭、蜈蚣、雄黃、牽牛子、乾漆、蟹爪甲、麝香等。

◎相對禁用：主要包括一些活血化瘀、產血散血、墮胎作用的藥物，例如茅根、木通、瞿麥、通草、薏苡仁、代赭石、芒硝、牡丹皮、三稜、牛膝、乾薑、肉桂、制半夏、皂角、南星、槐花、蛇蛻等。

妊娠腹痛

1.虛寒

症狀：在妊娠期間小腹會冷痛、臉色蒼白、容易手腳冰冷、頻尿、舌淡、苔薄白、脈沉弱。

治療法則：暖宮止痛、養血安胎。

方劑建議：用《金匱要略》膠艾湯加上杜仲、巴戟天、補骨脂。

2.血虛

症狀：小腹綿綿作痛，按之痛減、頭暈目眩、心悸怔忡、臉色微黃。

治療原則：可養血行氣、緩急止痛。

建議方劑：用《金匱要略》的當歸芍藥散去澤瀉。

3.氣鬱

症狀：懷孕後胸腹脹滿疼痛，尤其以兩個脇肋最為嚴重，容易煩躁易怒、苔白膩、脈弦滑。

治療原則：可用舒肝解鬱、理氣行滯的方式。

建議處方：【逍遙散】加上蘇梗。

胎漏、胎動不安

1.氣血虛弱型

症狀：在妊娠初期，有下墜感、陰道有小量的出血、淡紅色，臉色蒼白、疲倦乏力、腰痠腹脹、舌淡、苔薄白。

治療原則：可用補氣血、固腎安胎。

建議處方：《景岳全書》胎原飲去當歸，加黃耆、阿膠。

2.腎虛型

症狀：妊娠腰痠腹墜，或見陰道出血、頭暈、耳鳴、小便頻數，甚至失禁，苔薄白、脈沉弱。

治療原則：可用固腎安胎、佐以益氣。

建議處方：《醫學衷中參西錄》的壽胎丸加黨參、白朮。

3.血熱

症狀：妊娠出血、色鮮紅，或者心煩不安、口乾下墜、手心煩熱、口乾舌燥，或有潮熱、小便黃、便秘、舌質紅、苔黃、脈弦滑。

治療原則：滋陰清熱、養血安胎。

建議處方：《景岳全書》的保陰煎加苧麻根

（二）女性泌乳素過高

造成泌乳激素過高的病因病理：（泌乳激素的正常值為20 ng/ml以下）

若有任何因素會造成泌乳激素抑制因子（PIF）減少，都能夠使抑制泌乳激素釋放的因素被減除，而產生泌乳激素過高；或者是促甲狀腺釋放激素分泌增加，亦會造成血中的泌乳激素增多，通常過多的泌乳素直接作用於乳房，可刺激泌乳，亦通過腦

下垂體的負反饋作用，抑制垂體促性腺激素的分泌，而過高的泌乳激素亦可導致雌性素對LH分泌的正反饋效應，而導致卵巢功能退化，因而閉經不孕。所以造成不孕的機理可能是由於高泌乳激素，低促腺激素使得系統受到干擾，抑制下視丘垂體軸，使卵巢合成性激素的能力下降，而導致卵泡發育不良，而且雌性激素的不足，故無法對下視丘垂體產生正反饋作用，故引起不排卵。

而通常引起泌乳激素過高綜合症的病因有：

1. 垂體腫瘤：因為腫瘤是由分泌PRL高泌乳激素的細胞組成，所以腫瘤不受到下視丘泌乳激素抑制因子PIF的抑制，而分泌過多的PRL。
2. 產後溢乳：有些產婦在分娩後，會持續性地泌乳，甚至有閉經、子宮卵巢萎縮的現象。
3. 功能性閉經：泌乳素過高綜合症的婦女會有閉經、溢乳的現象。
4. 藥物因素形成：如降壓藥、荷爾蒙藥物、精神類藥物。

臨床表現：

1. 閉經、月經混亂。
2. 溢乳。
3. 不孕。
4. 性功能退化。

5. 頭痛。

6. 視力減退 視野缺損。

7. 子宮萎縮、卵巢退化、體重增加、水腫、脫毛。

中醫對高泌乳激素症的病因病理：中醫認為乳房屬陽明，而經血跟乳汁的來源都來自於脾胃，而肝的經脈，環繞陰部下焦，從胃上隔，分佈於脅肋，經過乳頭，而達到顛頂，因此肝經跟乳房有著密切的關係，所以說在<景岳全書>提到婦人乳汁乃衝任氣血所化，受肝氣疏泄的影響，若是肝氣不得疏泄，氣血疏於調暢，衝任不調，所以有乳汁自出的現象，所以肝氣鬱結，氣機不暢，而導致衝任的失調，又延及於腎，若腎氣又衰弱，就無法化生經血為天癸，因此經血就不能匯集而下，而成為閉經的現象。

治療方法：在中醫，用疏肝理氣、調固衝任的方式，可用柴胡疏肝湯，加味逍遙散，六味地黃丸，取其肝腎同治、滋養化源的作用；穴位可選用三陰交、血海、陰陵泉，有促進調整內分泌的作用、補肝腎、調衝任的功效。

日常生活保健：平常少食用冰冷的食物，儘量避免食用過多烤、炸、辣的食物，多運動，保持愉快的心情，選擇多舒解身心壓力的活動。

（三）念珠菌感染中醫治療調理

白色念珠菌（Vagninal candidiasis）

- 85％鵝口瘡是由白色念珠菌所引起，白色念珠菌呈卵圓形，伺機性感染。
- 陰道上皮細胞糖原增多，酸性變強會加速其繁殖。
- 通常會出現陰道及陰道口的搔癢，有時會有多分泌物。分泌物是黃白色、厚實的、起司樣的黏稠感。
- 在革蘭氏染色可發現孢子或是假菌絲。

中醫病因病機：

1. 邪熱壅盛：此為感染發炎期，當流產或經期、分娩過後，熱邪趁機侵犯；進入血液、津液，而傳播到骨盆、生殖器官，導致氣血受阻，發生感染。
   治療法則：以清熱解毒、活血止痛為主。
   處方：五味消毒飲。
2. 濕熱鬱結：因為濕熱內蘊，而流注下焦，導致氣行阻滯；瘀阻衝任、胞脈血行不暢而發病。
   治療法則：以清熱除濕、活血止痛為主。
   處方：解毒活血湯加上薏苡仁、敗醬草。
3. 血瘀氣滯：因感邪毒或濕熱，或病後邪氣未除，而導致盆腔氣血瘀阻，因而產生疼痛；而累及氣血、衝任失調，感到小腹疼痛。

治療法則：化瘀軟堅、理氣止痛。

處方：桂枝茯苓丸。

4. 脾虛濕瘀互結：因飲食勞倦傷脾，而導致脾虛運化失調，濕氣內生，而導致濕瘀互結、損傷衝任而發病。

治法：健脾化濕、活血化瘀。

方藥：完帶湯，加上赤芍、桃仁、牡丹皮。

5. 腎陽虛：因勞傷腎精，而導致衝任虛損失衡、胞脈虛寒而發病。

治療法則：溫腎培元、養精滋血。

處方：自擬補腎丸。

養生保健：

按摩穴位——

穴位：三陰交、太衝、足三里、陰陵泉、中極、歸來、公孫。

方式：每天可選用二至三個穴位做按摩，十分鐘至十五分鐘。

功效：穴位是一種內病外治的方法，而達到扶正固本、調整身體免疫機能

治療法則：慢性發炎的婦女，應該積極的徹底治療，加強衛生護理，注重營養均衡。還有因為體質虛損，或

者是瘀滯而導致發病，所以在診斷和辨證上，應該要結合臨床表現等相關的檢查。

生活守則：

減少婦女發炎的重要措施，所以要儘量地杜絕邪毒入侵。

平常要多鍛煉體質、多運動，平時最好不吃生冷、烤、炸、辣、上火的食物。

在月經期，儘量注重個人衛生，應適當的休息，保持心情愉快及排便的順暢。

要多喝開水、多吃一些蔬菜、水果，清涼退火，更禁忌吃辛辣、油膩的食物。

（四）子宮肌瘤中醫治療

摘要

子宮肌瘤是因子宮平滑肌增生所致，為女性常見的良性腫瘤，好發生於30～50歲之間，氣滯血瘀、氣虛血瘀、痰瘀互結、寒凝血瘀、陰虛肝旺是造成子宮肌瘤的原因，症狀為崩漏、帶下、癥瘕的範疇，依據此三症狀而治，中醫療法分為中藥療法、故有成方、穴道療法，治療後每三個月要至醫院做超音波掃描，查看子宮肌瘤有無消減。

關鍵詞：子宮肌瘤、中醫療法、癥瘕、崩漏、帶下

前言

子宮肌瘤為女性常見的良性腫瘤，主要是子宮肌肉層的結締組織細胞或血管肌肉細胞增生所致，又稱子宮平滑肌瘤，好發於子宮體，據統計35歲以上的婦女，約20%有大小不等的子宮肌瘤，一半以上的患者不會因子宮肌瘤感覺到任何不適，故無從發現，所以實際的發生率遠超過這個數字，當子宮肌瘤被發現時，多半是無意間摸到下腹部有一腫塊或突起，或是出現月經不規則、下腹疼痛等症狀，至醫院檢查才發現，雖然惡性的機率只有千分之三，但也不容小覷。

古籍記載

1.《校註婦人良方》「氣主煦之，血主濡之。若血不流，則凝而為瘕也。」
2.《景岳全書》「癥瘕之病，即積聚之別名。」
3.《女科切要》「又有癖塊一證，雖因痰與血食三者而成，然成於血者居多，因痰與食而成塊者，雖成而不礙其經水，成於血者亦有經雖來不時而斷也，此必經水既來之候，尚有舊血未盡，或偶感於寒氣，或觸於怒氣，留滯於兩脅小腹之間，則成血癖也，有經水月

久不行，腹脅有塊作痛，是經血作癥瘕，法當調經止痛。」

4.《校註婦人良方》「婦人腹中瘀血者，由月經閉積，或產後瘀血未盡，或風寒滯瘀，久而不消，則為積聚癥瘕矣。」

5.《女科證治準繩》「產後血氣傷於臟腑，臟腑虛弱為風冷所乘，搏於臟腑與血氣相結，故成積聚癥塊也。」

6.《女科證治準繩》「血癥若夫腹中瘀血，則積而未堅未至於成塊者也，大抵以推之不動為癥，推之動為瘕也。」

7.《女科證治準繩》「瘕者假也，其積聚浮假而痛推移乃動也，八瘕者黃瘕青瘕燥瘕血瘕脂瘕狐瘕蛇瘕鱉瘕，積在腹內或腸胃之間與臟氣結搏堅牢，雖推之不移，名曰癥。言其病形可徵驗也，氣壅塞為痞，言其氣痞塞不宣暢也，傷食成塊堅而不移，名曰食癥。瘀血成塊，堅而不移名曰血癥。若夫腹中瘀血，則積而未堅未至於成塊者也，大抵以推之不動為癥，推之動為瘕也。」

病因病機

1.病因

子宮由厚實的平滑肌構成，由內而外有三層組織，依序為子宮內膜、子宮壁、子宮肌肉層，從青春期開始，子宮內膜即有周期性增生變化，西醫臨床研究認為子宮肌瘤與卵巢雌性激素有關，當雌性激素分泌增加時，腫瘤快速增生，在婦女更年期後雌性素分泌減少，腫瘤則會萎縮，但中醫理論亦說子宮肌瘤為氣血兩虛者，子宮部位血瘀氣滯，終久肌腫不去而產生肌瘤。

2.病機

中醫醫學認為子宮肌瘤是一血瘀之病症，原因可分為五種，（1）氣滯血瘀，因情志抑鬱致肝氣鬱結，肝功能不彰，使氣滯則血瘀，積於子宮成癥瘕。（2）氣虛血瘀，因長期體力透支致氣虛血弱，體內氣血運行停滯，日久則血瘀。（3）痰瘀互結，體型肥胖者通常痰多濕氣重，且易滯於體內，體液運化失調，痰積於子宮，日久成癥瘕。（4）寒凝血瘀，經期、產後受寒邪入侵，邪正相搏，結於腹中，牢固不移，是為癥瘕。（5）陰虛肝旺，長期血虛、陰分不足，加上情緒或是產後使氣血更瘀。血瘀積聚於子宮遂成積聚、癥瘕。

辨證論治

子宮肌瘤初期症狀不易察覺，肌瘤增生的位置決定症狀出現的與否，與大小並不成正比，症狀多為月經不規則、量多、經期長，平常分泌物多，下腹有壓迫感或疼痛，壓迫坐骨神經造成腰痛，壓迫腸子導致便秘，壓迫膀胱引起排尿次數增加與不適，屬中醫醫學「崩漏」、「帶下」、「癥瘕」等範疇，臨床診治時病患舌質暗紫或有瘀斑，脈象弦。

一般更年期後，肌瘤會逐漸萎縮，如果仍然持續增生，就必須合理懷疑為惡性腫瘤，此時手術摘除子宮肌瘤是較被建議的，另外如：異常大量的出血、長期的疼痛、藥物控制無效、肌瘤造成不孕症、增大的子宮壓迫造成腎水腫、腹內產生壓迫症狀、有排尿困難、貧血、流產等現象，都較適合手術治療，另外，西醫也有運用GnRHa性腺激素釋放類似劑的內科療法，可以使子宮肌瘤體積減少，但每個病人差異性很大，而且此治療會促使骨質流失，一般停經婦女骨質流失速率約每年1～3%，但是使用GnRHa的個案每個月骨質流失約1%，有些個案在停藥後骨質可恢復，但有些個案在停藥後的六個月，骨質仍無恢復。

若症狀不須動手術，可依「崩漏」、「帶下」、「癥瘕」、「月經異常」等症狀採用中醫療法。

中藥療法

配合每個病人的體質和病情，消癥軟堅用夏枯草、生牡蠣、昆布、海藻、丹參、莪朮、鱉甲、穿山甲、三棱等，來活血化淤、化痰散結、補氣益腎以扶正等，如兼有血瘀、痰濕、體質虛弱、脾腎不足再加配藥材一併治療。

血瘀：如月經量多、帶有血塊、色黑，血塊下時痛，痛有定處，狀如針刺，積塊固定不移，舌有紫斑紫點，脈沉澀，加桃仁、紅花、桂枝、赤芍、丹皮來活血化瘀，方用加減桂枝茯苓丸。

氣滯：經期長、痛經，白帶增多，經前乳房或小腹脹痛，舌苔薄潤，脈沉弦，用加味逍遙散。

痰濕偏重：形體肥胖、平素多痰、舌苔厚膩，加半夏、茯苓、浙貝母、枳實、陳皮、蒼朮以化痰散結。

體質虛弱：再加入黨參、黃耆、白朮、續斷、牛膝、桑寄生、狗脊，補氣益腎，扶正祛邪。

脾腎不足：經期長或崩或漏，經色淡，腹中積塊，帶下清稀，腰酸氣短，尿或多或少，色清，腹瀉或便秘，苔薄白，舌質淡或有齒痕，脈沉細乏力，用香砂六君子加右歸丸。

故有成方

方名：桂枝茯苓丸

出自：《金匱要略》

組成：桂枝一錢五分、茯苓三錢、牡丹皮二錢、桃仁二錢、赤芍三錢。

用法：藥材化為末炒熱，煉蜜為丸，每日服三錢，分做早晚

兩次溫水送服；若服湯劑，每日一帖，分做早晚兩次溫服。

功效：活血化瘀，溫化行血，消緩癥塊主治症候：用於血癥輕證，瘀血結於子宮，瘀血內停，經脈阻滯，久之成為癥塊之病症。

說明：適用於下腹時有壓痛、臉部潮紅、頭暈、腳冷，長期服用本方，會使肌瘤變小。桂枝辛溫通腸、通血脈消血瘀，赤芍活血以開陰結，茯苓益脾補氣、導藥下行，牡丹皮、桃仁活血去瘀，消癥散結。

禁忌：下腹膨脹、發痛時禁用本方，孕婦有瘀血者，止可緩圖，不能過急，孕婦無瘀血者忌用。

方名：真人活命飲

出自：《證治準繩》

組成：真人活命飲六克（含金銀花、陳皮、當歸、防風、白芷、甘草節、貝母、天花粉、乳香、沒藥、皂角刺、穿山甲）、半支蓮一．五克、夏枯草一．五克（科學中藥）。

用法：一日三次，每次三克。

功效：清熱解毒，活血止痛，治療子宮肌瘤。

主治症候：治一切瘡瘍，未成者即散，已成者潰，止痛消毒良劑。

說明：金銀花清熱解毒、消散瘡瘍，陳皮理氣行滯，乳香、沒藥活血散瘀止痛，防風、白芷疏風散結，貝母、天花粉清熱排膿，皂角刺消腫潰堅。

禁忌：脾胃素虛、氣血不足者慎用。

穴道療法

針刺療法效果也很顯著，主要針刺穴位為關元、足三里、血海、太衝、三陰交，如月經量多，加取隱白、大敦、脾俞、內關，月經不調再加腎俞、交信，帶下量多者，加配帶脈、白環俞、氣海，常腰痛加八、命門，除關元、足三里用補法，其餘多用瀉法，強刺激，不直刺腫塊部位，經期不做針刺治療。

耳穴治療一次可使用四至五個穴點，多選用子宮、卵巢、內分泌、皮質下、肝、脾、腎等穴點，可兩耳交替使用，加強刺激。

足底按摩治療法選用腎臟、輸尿管、膀胱、腎上腺、子宮、卵巢、副甲狀腺、淋巴腺等反射區，作為按摩刺激的主要反射區塊。

（五）子宮頸癌中醫治療調理

罹患子宮頸癌的原因：可能與伴侶過多、早婚，或過早有性行為，性傳染病史、免疫系統缺

陷，宮頸發炎、糜爛有關，此外跟家族遺傳、外在環境等生活因素相關。

在臨床上常見的症狀包括——

1. 不正常的陰道出血：
尤其是帶有混合少量的血絲，即「赤帶」。
2. 陰道異常出血：
包括了不規則的出血、行經後出血，以及經間期的出血，運動後的出血。
3. 莫名的疼痛：
包括了下腹，以及腹盆腔部的疼痛。
4. 其他：
如陰道的皮膚變色、體重減輕、胃口不佳、便血等症狀。

養生保健在食療方面：以補腎陰、健脾胃的飲食比較適合。

1. 如可多吃一些芝麻、薏仁、枸杞、蓮子、綠豆、黃豆、紅豆、蘋果、菠菜等。
2. 油膩、生冷、辛辣、刺激的食物，還是少服用為宜。
3. 預防：當然預防勝於治療，若是在十八歲之前有性行為，超過四十歲以上的婦女，都應該每年做一次子宮頸抹片。

傳統醫學：在傳統醫學認為其病機是由於濕熱、氣鬱，而下注於下焦，或由於下焦虛寒、中氣不足，以及陰虛濕熱等原因造成的。

在臨床辨症治療方面，可分為——

1. 氣鬱濕困型：

   可用疏肝、理氣、利濕的方藥，如消遙散加減。

2. 濕熱型：

   可用清熱、利濕、健脾的方藥，如龍膽瀉肝湯。

3. 下焦虛寒型：

   可用溫補腎陽、補氣養血的中藥，如濟生腎氣丸。

4. 中氣下陷型：

   可用補中、健脾、益氣的方藥，如補中益氣湯。

5. 腎陰虛型：

   可用養陰清熱的方藥，如知柏地黃丸。

現代醫學：在現代醫學認為，子宮頸的細胞因為受到一連串炎症的反應，而變得異常增生，可能轉變為早期的子宮頸癌細胞。

成因：而子宮頸癌的成因在目前被發現是以藉由性交感染了「人類乳突狀病毒」，簡稱「HPV」，而轉變為子宮頸癌細胞。

疫苗：而目前市面上有可以接種的子宮頸癌疫苗，主要是在預防第六、十一、十六、十八型的

HPV，以目前的研究，大約可預防六到七成的子宮頸癌，疫苗可在體內產生抗體，減少HPV的感染，故而減少子宮頸癌細胞的病變。

（六）乳腺炎

說明：當乳房的奶水沒有被吸出，而輸乳管被黏稠的乳汁阻塞時，會發生乳腺管的阻塞，造成局部的疼痛、硬塊。

症狀：若是乳汁還是沒有被吸出，可能會造成乳房組織發炎，而形成感染性的乳腺炎，這時局部會有疼痛的硬塊、紅腫，甚至媽媽有發燒的現象。

病因：有可能是因為媽媽很忙碌，而無法將奶逼出，或者是餵奶不規則，或者寶寶將乳房含的不好，姿勢不正確，沒將奶水吸出，媽媽穿了太緊的胸罩，媽媽在餵奶時，用指頭壓住乳房，也會阻塞奶水的流通。

預防與改善：需要注意乳房組織有沒有通暢，無論如何，多餵奶，媽媽多休息，而且可以在乳房的周圍做輕柔的按摩，即使是乳腺發炎，還是可以持續餵奶，這樣並不會增加寶寶感染的機會，如果媽媽不想餵，還是一定要將奶水擠出，才能將症狀改善。

傳統中醫：傳統中醫將乳腺炎稱為「乳癰」，一般可分為外吹乳癰，以及內吹乳癰。

病因：其中外吹乳癰，跟產褥期最有關係，西醫的病因是由於乳汁瘀積，因為產婦餵奶不當，次數過少，而未將剩餘的乳汁即時排空，而瘀滯在乳腺中，形成乳塊，壓迫乳腺管，而造成阻塞，若進一步由於細菌的入侵，而沿著淋巴管，侵犯到乳腺葉間的脂肪，以及結締組織，便會造成進一步的發炎。

中醫辨證：在中醫辨證，可分為「瘀乳期」、「蘊膿期」以及「潰膿期」。

◎蘊膿期和潰膿期：而蘊膿期和潰膿期是屬於急性的乳腺炎。

◎瘀乳期：在瘀乳期只要將乳汁吸出，以免阻塞乳腺管時，症狀通常都會改善。

通常在瘀乳期可用疏肝解鬱、通乳散結的方藥，如疏肝通乳方，若有發熱、疼痛，可加上黃芩、梔子、連翹。

◎蘊膿期：可用清熱解毒、托裏透膿的方藥，如托裏透膿散。

◎潰膿期：可用清熱生肌的方藥，如四妙湯。

健康生活（1）

健康好孕：女性生育健康養生寶典

建議售價・240元

作　　者・陳玫妃
發 行 人・陳玫妃
出　　版・延吉生化科技有限公司
地址：臺北市延吉街10巷3號1F
電郵：sonnata1033@yahoo.com.tw
電話：02-25780767
傳真：02-25780748
代理經銷・白象文化事業有限公司
台中市402南區福新街96號
電話：04-22652939　傳真：04-22651171
印　　刷・基盛印刷工場
版　　次・2010年（民99）九月初版一刷

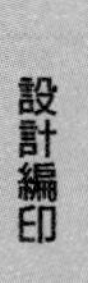

印書小舖
www.PressStore.com.tw
press.store@msa.hinet.net
總 編 輯・張輝潭　　經銷管理・焦正偉
文字副總編輯・徐錦淳　　企劃部副理・楊宜蓁
美術編輯・張禮南、何佳諠

國家圖書館出版品預行編目資料

健康好孕：女性生育健康養生寶典／陳玫妃著.
一初版.一臺北市：延吉生化科技，民99.09
面：　公分.一（健康生活；1）
ISBN 978-986-85511-0-7（平裝）
1.懷孕 2.妊娠 3.產褥期 4.婦女健康
429.12　　98013364